Gerhard Hausladen
Michael de Saldanha
Wolfgang Nowak
Petra Liedl

Einführung in die Bauklimatik

Klima- und Energiekonzepte
für Gebäude

Gerhard Hausladen
Michael de Saldanha
Wolfgang Nowak
Petra Liedl

Einführung in die Bauklimatik

Klima- und Energiekonzepte
für Gebäude

Ernst & Sohn

Gerhard Hausladen
Michael de Saldanha
Wolfgang Nowak
Petra Liedl

Einführung in die Bauklimatik

Klima- und Energiekonzepte
für Gebäude

Prof. Dr.-Ing. Gerhard Hausladen
Dipl.-Ing. Michael de Saldanha
Dipl.-Ing. Wolfgang Nowak
Dipl.-Ing. Petra Liedl

Technische Universität München
Lehrstuhl für Bauklimatik und Haustechnik
Arcisstraße 21
D-80333 München

Dieses Buch enthält 135 Abbildungen

Bibliografische Information Der Deutschen Bibliothek
Die Deutsche Bibliothek verzeichnet diese Publikation in der
Deutschen Nationalbibliografie; detaillierte bibliografische Daten
sind im Internet über <http://dnb.ddb.de> abrufbar.

ISBN 3-433-01518-X

© 2003 Ernst & Sohn
Verlag für Architektur und technische Wissenschaften GmbH & Co. KG, Berlin

Alle Rechte, insbesondere die der Übersetzung in andere Sprachen, vorbehalten. Kein Teil dieses Buches darf ohne schriftliche Genehmigung des Verlages in irgendeiner Form – durch Fotokopie, Mikrofilm oder irgendein anderes Verfahren – reproduziert oder in eine von Maschinen, insbesondere von Datenverarbeitungsmaschinen, verwendbare Sprache übertragen oder übersetzt werden.

All rights reserved (including those of translation into other languages). No part of this book may be reproduced in any form – by photoprint, microfilm, or any other means – nor transmitted or translated into a machine language without written permission from the publisher.

Die Wiedergabe von Warenbezeichnungen, Handelsnamen oder sonstigen Kennzeichen in diesem Buch berechtigt nicht zu der Annahme, dass diese von jedermann frei benutzt werden dürfen. Vielmehr kann es sich auch dann um eingetragene Warenzeichen oder sonstige gesetzlich geschützte Kennzeichen handeln, wenn sie als solche nicht eigens markiert sind.

Umschlaggestaltung: blotto design, Berlin
Satz: Hagedorn Kommunikation, Viernheim
Druck: betz-druck GmbH, Darmstadt
Bindung: Litges & Dopf Buchbinderei GmbH, Heppenheim
Printed in Germany

Vorwort

Raumklimatisierung und Technische Gebäudeausrüstung von Verwaltungsgebäuden können nicht mehr nur als technische Aufgaben gesehen werden, die eigenständig lösbar sind. Moderne Gebäude haben veränderte Anforderungen, die Nutzer sind sensibler, die Energie wertvoller. Aus diesen Gründen steht die Technik nicht mehr für sich allein, sondern ist Teil eines Systems, bestehend aus dem Nutzer, dem Gebäude, der Technik und dem Planungswissen. Letzteres ist die Schlüsselkomponente für ein gut funktionierendes Gebäude, welches auch ökonomischen und ökologischen Anforderungen entspricht. Ein unzureichend geplantes Gebäude führt in der Regel zu einem extrem hohen Energie- und Anlagenaufwand mit entsprechend hohen Kosten. Deshalb muss die Technik- und Klimakonzeption viel früher einsetzen als bisher. Sie muss auch in die Gebäudeplanung eingreifen und bereits in der Spezifikations- und Konzeptphase des Gebäudes die Schlüsselparameter richtig setzen. Der Begriff des Raumklimas ist über technische und physikalische Aspekte hinaus zu erweitern, weiche Faktoren und subjektive Anforderungen sind mit einzubeziehen. Der Nutzer will seine Bedürfnisse zulassen können und die Möglichkeit haben, sein unmittelbares Raumklima zu beeinflussen. Zusätzlich muss er die ihn umgebenden Vorgänge verstehen, um sich nicht hilflos ausgeliefert zu fühlen.

Die veränderten Rahmenbedingungen haben Konzepten der natürlichen Lüftung, der Tageslichtnutzung und der passiven Kühlung einen enormen Auftrieb gegeben. Diese Strategien verbessern die Qualität von Gebäuden zwar erheblich, können die Gebäudetechnik jedoch nicht vollständig ersetzen. In sofern werden die künftigen Herausforderungen in der Kombination von natürlichen Konzepten mit technischen Systemen liegen.

Den neuen Tendenzen entsprechend folgt der Aufbau des vorliegenden Buches. Am Anfang stehen eine Analyse der aktuellen Trends und eine Darstellung der interdisziplinären Energie- und Raumklimaplanung. In den Kapiteln „Wohlbefinden und Raumklima" sowie „Außenklima und Energie" werden die Anforderungen des Menschen spezifiziert und die äußeren Bedingungen beschrieben, auf die das Gebäude reagieren muss. Das Kapitel „Gebäudehülle" erläutert die verschiedenen Fassadenfunktionen und stellt anhand von Beispielen innovative Konzepte vor. In „Gebäudelüftung" werden zunächst konzeptionelle Zusammenhänge aufgezeigt, bevor auf die natürliche und die mechanische Lüftung im Detail eingegangen wird. Nachfolgend werden die konventionellen Methoden der Raumklimatisierung vorgestellt und ein Schwerpunkt auf die Bauteilaktivierung als aktuelle Raumklimatisierungsmethode gesetzt. Die Integration der Technik in das Gebäude und Möglichkeiten der Energieversorgung von Verwaltungsgebäuden werden zum Schluss behandelt.

Entsprechend der Vielschichtigkeit des Themas wurde der Beitrag im Team entwickelt. Weiterhin haben daran Dipl.-Ing. Tinka Sager, Hana Meindl, Sonja Conrad, Martina Thurner, Ruth Jäger, Michael Smola, Moritz Selinger und Fabian Ghazai maßgeblich mitgewirkt. Für Ihr Engagement sei an dieser Stelle herzlich gedankt.

Januar 2003 Die Autoren

Inhaltsverzeichnis

Vorwort V

1 Energetisch und raumklimatisch optimierte Verwaltungsgebäude ... 1
1.1 Aktuelle Trends bei Verwaltungsgebäuden 1
1.2 Energetische Aspekte 2
1.3 Raumklimatische Aspekte 3
1.4 Tageslichtnutzung 3
1.5 Natürliche Lüftung 3
1.6 Passive Kühlsysteme 4
1.7 Zukünftige Tendenzen 4

2 Integrierter Planungsprozess 7
2.1 Anforderungen an Bürogebäude 8
2.2 Ganzheitliche Planung 10
2.3 Planen in Varianten 11
2.4 Energetische und raumklimatische Planungswerkzeuge 12
2.5 Strategien für den optimalen Planungserfolg 14

3 Wohlbefinden und Raumklima 15
3.1 Bedürfnisse des Menschen am Arbeitsplatz 16
3.2 Thermische Behaglichkeit 17
3.2.1 Einflussparameter 17
3.2.2 Raumluftströmungen 21
3.2.3 Raumluftfeuchtigkeit 22
3.3 Raumluftqualität 23
3.4 Visuelle Behaglichkeit 25
3.4.1 Einfluss des Tageslichts 25
3.4.2 Messbare Kenngrößen 25
3.4.3 Einfluss von Farben 26
3.5 Akustische Behaglichkeit 26

4 Außenklima und Energie 27
4.1 Außenklima 27
4.1.1 Außenlufttemperaturen 27
4.1.2 Solarstrahlung 29
4.1.3 Wind 30

4.2	Energiesystem Gebäude	32
4.2.1	Transmissionswärmebedarf	34
4.2.2	Lüftungswärmebedarf	36
4.2.3	Wärmeerzeuger und -übergabe	37
4.2.4	Interne Wärmegewinne	39
4.2.5	Solare Energiegewinne	39
4.2.6	Sommerliches Verhalten	40
4.2.7	Energiebilanz	41
4.2.8	Energetische Schwerpunkte	43
4.3	Energieträger	43
4.3.1	Ressourcen	43
4.3.2	Primärenergie – Endenergie	45
4.3.3	Nutzenergie	46
4.3.4	Umwandlungsprozesse, -verluste	46
4.3.5	Regenerative Energieträger	47
5	**Gebäudehülle**	**49**
5.1	Thermische Funktionen der Fassade	50
5.1.1	Winterlicher Wärmeschutz	50
5.1.2	Sommerlicher Überhitzungsschutz	50
5.1.3	Gebäudemasse und Nachtauskühlung	51
5.2	Visuelle Funktion der Fassade	51
5.2.1	Tageslichtangebot	52
5.2.2	Tageslichtsysteme	55
5.3	Natürliche Lüftung	58
5.4	Schall	58
5.5	Fassadenkonzepte	59
5.5.1	Einschalige Fassaden	60
5.5.2	Beispiel einer einschaligen Fassade	60
5.5.3	Doppelfassaden	62
5.5.4	Beispiel einer Doppelfassade	63
5.5.5	Kombifassade	65
5.5.6	Beispiele für Kombifassaden	66
5.5.7	Funktionsfassade	68
5.5.8	Beispiel einer technikintegrierten Fassade	69
6	**Gebäudelüftung**	**71**
6.1	Lüftungskonzepte	71
6.1.1	Behaglichkeitsspezifische Rahmenbedingungen	72
6.1.2	Lüftung und Gebäudeentwurf	72
6.1.3	Zulufteinbringung über die Fassade	72
6.1.4	Mechanische Lüftung	73

6.1.5	Wärmerückgewinnung und Umweltenergie	73
6.1.6	Raumkonditionierung	74
6.1.7	Luftführung über die Gebäudestruktur	75
6.2	Natürliche Lüftung	76
6.2.1	Fassadenöffnungen für die natürliche Lüftung	76
6.2.2	Behagliche Zulufteinbringung	76
6.2.3	Nachkonditionierung der Außenluft	77
6.3	Mechanische Lüftung	78
6.3.1	Raumlufttechnische Anlagen	78
6.3.2	Luftführung im Raum	79
6.3.3	Zulufteinbringung in den Raum	83
6.3.4	Kombination von Doppelfassaden mit Lüftungsanlagen	83
6.3.5	Einbindung von Erdkanälen	85
6.3.6	Wärmerückgewinnung	86
6.3.7	Komponenten von Lüftungsgeräten	89
6.3.8	Einsatz der lüftungstechnischen Komponenten	89
7	**Konventionelle Raumkonditionierung**	**91**
7.1	Wärmeübergabesysteme	91
7.1.1	Anforderungen	91
7.1.2	Konvektoren	94
7.1.3	Flachheizkörper	96
7.1.4	Radiatoren	96
7.1.5	Fußbodenheizung	96
7.1.6	Fassadenheizung	97
7.2	Kühlsysteme	97
7.2.1	Anforderungen	98
7.2.2	Passive Kühlung – Nachtlüftung	98
7.2.3	Stille Kühlung	98
7.2.4	Thermoaktive Bauteile	101
7.3	Luftgeführte Systeme zum Heizen und Kühlen	101
8	**Bauteilaktivierung**	**103**
8.1	Behaglichkeitsspezifische Rahmenbedingungen	103
8.2	Funktionsprinzip einer Thermoaktiven Decke	104
8.3	Leistung von Thermoaktiven Decken	104
8.4	Konstruktionen von Thermoaktiven Decken	105
8.5	Regelstrategien	107
8.6	Kälte- und Wärmequellen für TAD	108
8.7	Nachteile Thermoaktiver Decken	108
8.7.1	Kaltluftabfall	108
8.7.2	Raumakustik und Trittschall	108

8.7.3	Doppelböden und abgehängte Decken	109
8.7.4	Regelung	109
8.8	Kosten und Wirtschaftlichkeit	110

9	**Integration von Technik**	**111**
9.1	Lage von Technikzentralen im Gebäude	112
9.1.1	Heizräume	112
9.1.2	Lufttechnikzentralen	114
9.1.3	Kältezentralen	116
9.2	Verteilung der Installationen	117
9.2.1	Vertikale Leitungsschächte	117
9.2.2	Horizontale Verteilung	117
9.3	Platzbedarf von Zentralen und Installationen	117

10	**Energieversorgung**	**121**
10.1	Wärme	121
10.1.1	Fernwärme	122
10.1.2	Kesselanlagen für Öl- und Gasfeuerung	123
10.1.3	Hackschnitzelfeuerung	123
10.1.4	Wärmepumpe	124
10.1.5	BHKW	124
10.1.6	Brennstoffzelle	125
10.2	Kälteerzeugung	126
10.2.1	Thermodynamische Grundlagen: Kreisprozess	126
10.2.2	Elektrisch betriebene Kältemaschine	127
10.2.3	Absorptionskältemaschine	127
10.2.4	Kältespeicher	128
10.2.5	Freie Kühlung	128
10.2.6	Solare Kühlung	129
10.2.7	Erdkälte	129
10.2.8	Grundwasserkühlung	129
10.3	Stromversorgung	130
10.3.1	Stromverbundnetz	130
10.3.2	Kraft-Wärme-Kopplung	130
10.3.3	Netzersatzanlage	130
10.3.4	Photovoltaik	130

Literatur 133

Stichwortverzeichnis 139

1 Energetisch und raumklimatisch optimierte Verwaltungsgebäude

In die Konzeption und Planung von Verwaltungsgebäuden fließen viele Faktoren ein. Gestalterische, funktionale und ökonomische Aspekte stehen in Wechselwirkung mit energetischen und raumklimatischen Faktoren. Das Gebäude ist als Gesamtsystem zu sehen, bestehend aus Fassade, Gebäudestruktur und Gebäudetechnik. Je besser die Fassade, die Gebäudestruktur und die Speichermassen bei einem gegebenen Außenklima das gewünschte Innenklima gewährleisten können, umso geringer sind der erforderliche Aufwand an Gebäudetechnik und der damit verbundene Energieverbrauch. Insofern liegen die größten Energieeinsparpotentiale schon in der Konzept- und Entwurfsphase, in der Architekt und Klimadesigner bereits eng zusammenarbeiten sollten, um ein ausgewogenes Gebäudekonzept zu erreichen.

1.1 Aktuelle Trends bei Verwaltungsgebäuden

Das Wohlbefinden des Menschen rückt wieder in den Mittelpunkt des Planungsinteresses. Dabei spielen nicht allein messbare und genormte Größen wie Lufttemperatur, Oberflächentemperatur, Luftgeschwindigkeit, Luftfeuchte und Luftqualität eine wichtige Rolle. Die individuelle Eingriffsmöglichkeit auf das Raumklima, die Möglichkeit, die Heizung selbst zu regeln oder das Fenster öffnen zu können, sind weitere wesentliche Kriterien für das Wohlbefinden. Konzepte der natürlichen Lüftung sowie die Tageslichtnutzung werden als angenehm empfunden und bilden eine gute Basis für behagliche Bürogebäude.

Der schnelle gesellschaftliche und technologische Wandel erfordert Bürogebäude, die ein hohes Maß an Flexibilität und Variabilität aufweisen. Insbesondere, da Arbeitsprozesse durch neue Kommunikationsformen und EDV sich schnell verändern. Deshalb müssen Gebäude schon in der Planung darauf ausgelegt werden, leicht umnutzbar und flexibel nachrüstbar zu sein. Dies gilt sowohl für die Raumgeometrie, die Nutzungsart, die Gebäudetechnik sowie die EDV-spezifischen und technischen Installationen.

Die Anforderungen an die Büroorganisation verändern sich fortlaufend. Neben das Zellenbüro treten Konzepte wie „Nomad-Office" mit stark reduzierten Büroflächen, Telearbeitsplätze oder „Büro-Cluster" an Satellitenstandorten. Innerhalb eines Bürogebäudes kann sich eine Vielzahl unterschiedlichster Nutzungen vom Callcenter bis zur Beratungsstelle befinden, die jeweils völlig unterschiedliche Konsequenzen für die Büroorganisation und das Technikkonzept haben.

Die Arbeitswelt innerhalb von Büros verlagert sich von Routinearbeiten zu höher qualifizierten Tätigkeiten. Bei höchstqualifizierten Büroarbeitsplätzen wird die Störungsfreiheit der Mitarbeiter immer wichtiger. Bezieht man die Arbeitsleistung von Mitarbeitern in die Überlegungen ein, so ist es wirtschaftlicher, das Büro z. B. eines Börsenbrokers ideal auf seine Wünsche zu klimatisieren, als auf eine Klimaanlage zu verzichten und Einschränkungen der Arbeitsleistung hinzunehmen.

Bürogebäude sind nicht nur Arbeitsstätten, sie stellen das Unternehmen nach außen wie nach innen dar und haben somit einen hohen Repräsentationswert. Je authentischer das Unternehmenskonzept durch das Gebäude abgebildet wird, umso nachhaltiger sind die Wirkung nach außen und die Identifikation der Mitarbeiter. Aus dieser Tatsache folgt, dass das „ideale" Verwaltungsgebäude sowohl von baulichen Parametern, aber auch in wesentlichen Teilen von der Firmenphilosophie des Unternehmens abhängt.

Zurzeit geht der Trend zu transparenten Gebäuden, ermöglicht durch einen Quantensprung in der Glastechnologie, die eine U-Wert Reduktion von 3,0 W/(m^{2}K) auf 0,5 W/(m^{2}K) erfahren hat. Dieser niedrige Wärmedurchgang, der früheren Wandkonstruktionen entspricht, ermöglicht behagliche Raumverhältnisse im Winter. Der hohe Strahlungseintrag durch große Glasflächen kann jedoch zu Überhitzung im Sommer führen. Sonnenschutz bei gleichzeitiger Tageslichtnutzung und Blendfreiheit an Bildschirmarbeitsplätzen spielen bei der Fassadenausbildung eine zentrale Rolle.

Ein weiteres Kriterium ist, ob der Bauherr für sich selbst baut oder als Investor auftritt. Wird für den eigenen Bedarf gebaut, so treten Aspekte der Nutzerzufriedenheit und der zu erwartenden Betriebskosten stärker in den Vordergrund. Bei Investorenprojekten steht zunächst eine möglichst wirtschaftliche Erstellung im Vordergrund, da bei der Nutzung die Nebenkosten auf die Mieter umgelegt werden können.

1.2 Energetische Aspekte

Der Heizwärmebedarf von Verwaltungsgebäuden ist bedingt durch hohe interne Lasten relativ gering. Das Augenmerk muss deshalb auch auf andere Verbraucher gerichtet werden wie Beleuchtung, Kühlung und elektrische Antriebe (z. B. Lüftung). In der Reduktion des Strombedarfs liegen die größten Einsparpotentiale, da primärenergetisch die Einsparung einer Kilowattstunde Strom gleichwertig mit drei Kilowattstunden Wärme ist.

Die stromspezifischen Verbräuche stehen in enger Wechselbeziehung mit der Fassade: Mit einer weitreichenden Tageslichtnutzung, der Ausbildung eines effizienten Sonnenschutzes sowie der Möglichkeit der natürlichen Lüftung, insbesondere in Verbindung mit Nachtauskühlung, können große Einsparpotentiale erschlossen werden. Zusätzlich können in diesem Bereich energetische Synergieeffekte realisiert werden. So führt eine verbesserte Tageslichtnutzung zu einer Reduktion des Beleuchtungsstroms und zusätzlich bewirken die verminderten thermischen Lasten Einsparungen beim Lüftungsantrieb sowie der Kühlenergie. Die Reduktion der thermischen Lasten ist auch für die Wahl des Kälteübergabesystems und dem damit verbundenen Aufwand für die Kälteerzeugung von Bedeutung.

1.3 Raumklimatische Aspekte

Das Raumklima eines Gebäudes ist neben den internen Lasten maßgeblich vom Strahlungseintrag durch die Fassade abhängig. Dieser wird bestimmt durch die Gebäudeorientierung, den Fensterflächenanteil und der Effizienz des Sonnenschutzsystems. Fensterfläche, Orientierung und Sonnenschutz stehen in unmittelbarer Wechselwirkung. Nordorientierte Räume sind selbst bei voller Verglasung relativ gut zu beherrschen. Südräumen kommt zugute, dass dort die Sonne im Sommer relativ hoch steht und eine Verschattung deshalb einfach zu realisieren ist. Auf der Ost- und Westfassade ergibt sich im Sommer aufgrund des flachen Einstrahlwinkels die höchste Einstrahlung. Sonnenschutz und Blendschutz müssen sorgfältig geplant werden, vor allem wenn Tageslicht genutzt werden soll.

1.4 Tageslichtnutzung

Aus energetischer Sicht bietet eine weitreichende Tageslichtnutzung aufgrund der hohen Erzeugungsverluste beim elektrischen Strom große Einsparpotentiale. Der Wärmeeintrag ist bei identischer Lichtausbeute erheblich geringer als bei Kunstlicht. Das Tageslicht hat gegenüber Kunstlicht den Vorteil, dass es alle Spektralfarben enthält und farbige Gegenstände natürlicher aussehen. Die Veränderung der Lichtstärke und der Lichtfarbe gibt dem Menschen ein Gefühl für die Tages- und Jahreszeit sowie eine kontinuierliche, unterbewusste Information über das Außenklima. Dabei wird der menschliche Stoffwechsel, die Vitaminbildung und der Hormonhaushalt gefördert sowie die Seele durch schöne Eindrücke, wie z. B. einen Sonnenuntergang, einen Regenbogen oder einen Gewitterhimmel, angeregt.

1.5 Natürliche Lüftung

Öffenbare Fenster in Büroräumen sind eine Grundvoraussetzung für das Wohlbefinden der Menschen, die dort arbeiten. Dabei geht es nicht nur um die Lufterneuerung, sondern auch um den Außenbezug. Die Möglichkeit, etwas von der Außenwelt „mitzubekommen", etwas von draußen zu hören oder zu riechen, das Gefühl zu haben, nicht eingesperrt zu sein, ist sehr wichtig. Mechanische Lüftungssysteme können den notwendigen Luftaustausch sicherstellen, die Luft vorgewärmt ohne Zugerscheinungen in einen Raum einbringen und gleichzeitig die Wärme aus der Fortluft zurückgewinnen. Den Außenbezug können sie jedoch nicht bieten. Ob ein mechanisches Lüftungssystem notwendig ist, hängt von verschiedenen Gegebenheiten ab, wie Bürostruktur (Großraum- oder Einzelbüros), Außenlärm usw. Öffenbare Fenster sind jedoch davon unabhängig vorzusehen.

Ist das Fenster das alleinige Lüftungselement, so ergeben sich zwei Problemstellungen: Die Druckverhältnisse an der Fassade bei Windanfall erschweren oftmals das Fensteröffnen, insbesondere bei hohen Gebäuden. Die Lüftung über die Fenster ist oftmals mit Behaglichkeitseinbußen (Zugerscheinungen) im Winter verbunden. Durch die Gebäudeform und eine entsprechende Fassadenausbildung kann beiden Problemen entgegengewirkt werden.

1.6 Passive Kühlsysteme

Planungsziel sollten „unempfindliche" Bürogebäude sein, die durch eine ausgewogene Fassade eine geringe thermische Dynamik aufweisen und die über Speichermassen verfügen, welche die Lastspitzen abfangen. Die Bauweise hat einen erheblichen Einfluss auf das mögliche Kühlkonzept. Um eine passive Kühlung einsetzen zu können, darf die erforderliche Kühlleistung 40 W/m^2 nicht überschreiten. Ist die erforderliche Kühlleistung höher, müssen aktive Kühlsysteme wie z. B. Kühldecken in Verbindung mit einer Kältemaschine eingesetzt werden. Neben dem Energieaufwand und den Kosten für die Kälteerzeugung bedingen aktive Kühlsysteme einen relativ hohen Investitionsaufwand.

Die passive Kühlung kann unterschiedlich gelöst werden: die Nachtlüftung erfordert keinen Energieaufwand, die Lüftungsöffnungen müssen jedoch gesteuert werden bzw. witterungs- und einbruchsgeschützt ausgeführt sein. Ein Erdkanal kann die Zuluft im Sommer vorkühlen und so die Behaglichkeit verbessern. Mit einer Thermoaktiven Decke können größere Kühlpotentiale erschlossen werden, allerdings ist Antriebsenergie für den Wasserkreislauf und ggf. für das Rückkühlwerk erforderlich.

1.7 Zukünftige Tendenzen

Der Begriff der Behaglichkeit wird weiter ausgedehnt werden. Nicht objektivierbare Größen werden verstärkt in die Planung Eingang finden. Hier werden der Außenbezug, der Nutzereinfluss, die Nachvollziehbarkeit von Konzepten sowie die Ausbildung von Mensch-Technik-Schnittstellen auf der raumklimatischen und gebäudetechnischen Seite eine Schlüsselrolle spielen.

1.7 Zukünftige Tendenzen

Um Gebäude flexibel nutzbar zu machen, werden dezentrale Lüftungs- und Technikeinheiten eine größere Rolle spielen. Damit können Gebäudeteile leicht um- und nachgerüstet werden. Ein weiterer Vorteil von dezentralen Technikeinheiten besteht darin, dass komplexe Komponenten detailliert geplant und industriell vorgefertigt werden können, wie es in der Automobilproduktion üblich ist. Auf der Baustelle findet dann nur noch ein Einsetzen in die gegebene Gebäudestruktur statt. Dies hat den Vorteil von geringeren Kosten, einem schnelleren Bauablauf und einer höheren Funktionalität.

Vor dem Hintergrund der Entsorgungsproblematik wird das „lifecycle-management" zukünftig eine höhere Bedeutung haben. Angesichts der Tatsache, dass derzeit nur wenige Promille des anfallenden Bauschutts recycled werden bzw. recycled werden können, wird in Zukunft die Umnutzbarkeit von Gebäuden, die Rückbaubarkeit und die recyclinggerechte Fügung der Baustoffe ein wichtiger Planungsfaktor sein.

2 Integrierter Planungsprozess

In jüngster Zeit hat sich bei der ambitionierten Gebäudeplanung folgende Situation eingestellt: Gebäude müssen mit weniger Energie mehr leisten, müssen flexibel auf Nutzungsänderungen und Innovationen reagieren. Nutzer sind sensibilisiert und wünschen eine weitreichende Tageslichtversorgung und natürliche Lüftung. Der individuelle Einfluss auf Raumklima, Lüftung und Lichtsituation, ein weitreichender Außenbezug sowie eine nachvollziehbare Technik gelten als grundlegende Faktoren für das Wohlbefinden. Diese hohen, sich in Teilen widersprechenden Anforderungen müssen in einem wirtschaftlichen Kostenrahmen in anspruchsvolle Architektur umgesetzt werden.

Dieses Ziel kann nur in einem zirkulären Planungsprozess erreicht werden. Einem Prozess, in dem Energie, Masse, Raumklima, Strahlung ... nicht allein als physikalische Größen betrachtet werden, sondern als zusätzliche Dimensionen, die zusammen mit den drei räumlichen Ausdehnungen zu gestalten sind. Für eine optimale Performance müssen „form and function" interagieren, sich im positiven Sinne verstärken, Synergieeffekte ausnutzen und die ihnen innewohnende Systematik für den Nutzer ablesbar machen.

Verwaltungsbauten sind von der Aufgabenstellung am anspruchsvollsten, da die Belegungsdichte hoch ist, der Nutzer kontinuierlich an seinen Arbeitsplatz gebunden ist und neben einem behaglichen Raumklima gute Arbeitsbedingungen geschaffen werden müssen. Zusätzlich ist eine räumliche und technische Flexibilität gefordert.

Deshalb ist bei innovativen Projekten die Einbeziehung eines Klimadesigners erforderlich, der über die Gebäudetechnik hinaus die energetische und raumklimatische Performance der Gebäudestruktur und der Fassade mitgestaltet. Für ein ausgewogenes Planungsergebnis muss dieser Klimadesigner sowohl Einzelaspekte (z. B. Raumklimatisierung, Tageslichtnutzung, Energieversorgung) optimieren, als auch die Leistungsfähigkeit des Gesamtsystems im Auge behalten. Ein besonderer Focus liegt auf der Konzeption der Fassade, da dieser als Schnittstelle zwischen Nutzer und Umwelt eine Schlüsselrolle zukommt.

Idealerweise sollte ein Klimadesigner in alle Planungsphasen einbezogen sein. Angefangen von der Spezifikation des Gebäudes, über die Vorentwurfs-, Entwurfs- und Ausführungsplanung bis zum technischen Controlling und der Optimierung des Gebäudebetriebs. Die ersten Phasen sind die wichtigsten, da in diesen das größte Potential für die Verbesserung der Gebäudestruktur und der Hülle besteht und somit ein Maximum an Energie- und Technikreduktion erreicht werden kann (Bild 2.1).

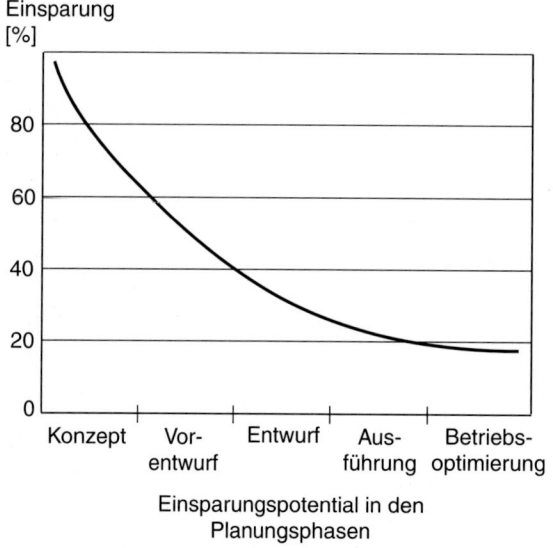

Bild 2.1. Planungsfortschritt und Einsparpotential

2.1 Anforderungen an Bürogebäude

Mindestanforderungen an Bürogebäude werden in Bezug auf Energiebedarf, Raumklimatik und Tageslicht durch die entsprechenden Vorschriften und Regelwerke formuliert (Bild 2.2). Die Einhaltung der Energieeinsparverordnung (EnEV) ist bindend. Die EnEV bietet durch die Berücksichtigung von baulichen und anlagentechnischen Größen die Möglichkeit einer Bewertung des Nutz- und Primärenergiebedarfs des Gebäudes. In der EnEV werden unter Verweis auf die entsprechenden Regeln der Technik Mindestanforderungen an die energetische Qualität von Gebäuden und den sommerlichen Wärmeschutz festgelegt. Richtlinien zur Qualität von Arbeitsplätzen und Anforderungen an Büroräume finden sich in den Arbeitsstätten- und VDI-Richtlinien sowie in einer Vielzahl von Normen. Neben den Mindestanforderungen wird eine Differenzierung nach der Gebäudekategorie getroffen, die mit der Art der Nutzung und der angestrebten Qualität zusammenhängt. Während die Anforderungen der EnEV und der Arbeitsstättenrichtlinien den verbindlichen gesetzlichen Rahmen darstellen, treffen die DIN-Normen Aussagen zum Stand der Technik. Die DIN-Normen lassen Bauherren und Planern einen gewissen Verhandlungsspielraum.

Weiche Faktoren wie Ästhetik, Farb- und Formgebung, Organisationsstrukturen, der Nutzereinfluss, die Raumgestaltung und die Nachvollziehbarkeit und Bedienbarkeit der Technik haben über die quantifizierbaren Größen hinaus einen wesentlichen Einfluss auf den Erfolg von Bürokonzepten. Zu Beginn des Planungsprozesses ist es wichtig, die Zielvorgaben, Anforderungen und Wünsche für das Projekt möglichst präzise festzulegen. Auf der Grundlage dieses Anforderungskatalogs wird deutlich,

2.1 Anforderungen an Bürogebäude

EnEV		Arbeitsstättenrichtlinie		DIN-Fachbericht 79 Auslegungskriterien für Bürogebäude[1]
Transmissionswärmeverlust Für Nicht-Wohngebäude: 0,44–1,55 W/(m²K) je nach Fensteranteil und A/V-Verhältnis	DIN 4108 DIN EN 832	Luftwechsel Mind.: 20–40 m³/h pro Person bei überwiegend sitzender Tätigkeit, bei freier Lüftung; Lüftungsquerschnitt 200 cm²/m²	DIN 1946-2 VDI 4300 Bl.7	Operative Temperatur Sommer: 23,5–27 °C Winter: 19–25 °C je nach Kategorie (A, B, C)[2]
Jahresprimärenergiebedarf Max.: 14,72–35,21 kWh/(m³a) je nach A/V-Verhältnis	DIN EN 832 DIN V 4108-6 DIN V 4701-10	Rel. Feuchte Max. relative Feuchte zwischen 55% (bei 26°C Raumtemperatur) und 80% (bei 20°C Raumtemperatur)		Mittlere Luftgeschwindigkeit Sommer: 0,18/0,22/0,25 m/s (A, B, C) Winter: 0,15/0,18/0,21 m/s (A, B, C)
Luftdichtheit bei 50 Pa Max.: ohne RLT: 3 h⁻¹ mit RLT: 1,5 h⁻¹	DIN EN 13829 DIN 4108-7 DIN EN 12207	Temperaturen in Büroräumen Min.: 20 °C, höchstens: 26 °C		Luftwechsel nach Luftqualität 2,0/1,4/0,8 l/s pro m² Fußbodenfläche (A, B, C)
Wärmebrücken pauschal: 0,1 W/(m²K) Musterlösungen: 0,05 W/(m²K) oder Einzelnachweis	DIN EN ISO 14683 ISO 10211-2 DIN 4108-Bbl. 2 DIN 4108-6	Schallpegel Max.: 55 dB(A) bei überwiegend geistiger Tätigkeit		Schalldruck 30/35/40 dB(A) (A, B, C)
Wärmeverteilung Dämmung mit 0,035 W/(mK): 6–100 mm je nach Lage und Rohrdurchmesser		Beleuchtung Büroräume, tageslichtorientierte Arbeitsplätze (Fensternähe): 300 lx Büroräume: 500 lx	DIN 5034 DIN 5035 DIN 5039 DIN 5040	
Wärmeerzeuger nur mit CE-Kennzeichnung	DIN V 4701-10	Raumgröße Arbeitsräume min.: 8 m² Grundfläche Höhe min.: 2,5–3,25 m je nach Grundfläche	DIN 4543 DIN E 16555	
		Sichtverbindung nach außen Unterkante Fenster 0,85–1,25 m je nach Tätigkeit (sitzend/stehend) Fenstergröße min.: 1,25–1,50 m² je nach Raumtiefe 10 % d. Grundfläche bei Fläche bis 600 m²	DIN 5034	

[1] Auslegungskriterien für typische Gebäudebeispiele. Voraussetzungen werden im Bericht aufgeführt
[2] Kategorie A entspricht einem hohen, B einem mäßigen und C einem niedrigen Anforderungsniveau

Bild 2.2. Vorgaben für die Planung von Büroräumen

wo besondere Maßnahmen getroffen werden müssen und wo eventuelle Einschränkungen zu Gunsten einer vereinfachten Bau- und Anlagentechnik in Kauf genommen werden können.

2.2 Ganzheitliche Planung

Bei der Konzeption innovativer Gebäude steht das Planungsteam vor dem Problem, dass mess- und berechenbare Größen wie Energie, Temperatur oder Kosten mit weichen Faktoren wie psychische Behaglichkeit, Ästhetik, Funktionalität oder Imagewert gegeneinander abgewogen werden müssen. Um für dieses Problem einen Lösungsweg zu finden, liegt ein erster Schritt in der Festlegung der Prioritäten, der Definition der Aspekte, welche das zukünftige Gebäude auf jeden Fall erfüllen muss. Ein weiterer Schritt ist die Quantifizierung von Funktionalitäten, z. B. die Kosten einer Fassade mit öffenbaren Fenstern oder Behaglichkeitsgewinn durch verbesserte Tageslichtversogung. Diese Quantifizierung erfolgt in der Regel in ökonomischen Einheiten, teilweise auch in ökologischen. Der Bauherr steht vor der Entscheidung, wie viel ihm die jeweiligen Funktionalität wert ist. Ideal sind jene Maßnahmen, welche mehrere Funktionalitäten gleichzeitig verbessern z. B. Energiebedarfsreduzierung bei gleichzeitiger Behaglichkeitsverbesserung durch Tageslichtnutzung. Aus der Verknüpfung der Konstanten mit den Variablen ergibt sich ein für den individuellen Fall optimales Planungsergebnis (Bild 2.3).

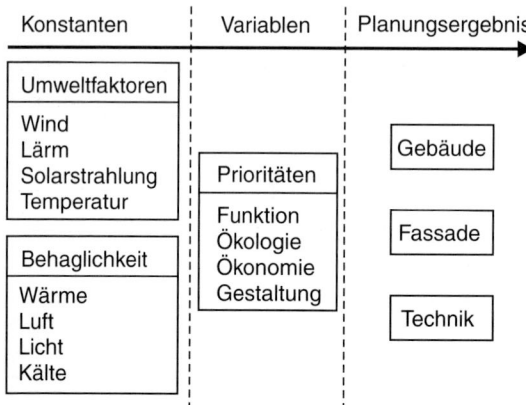

Bild 2.3. Planungsgrößen

2.3 Planen in Varianten

Die Entwicklung innovativer Gebäudekonzepte kann kein serieller Vorgang sein, sondern ist ein iterativer Prozess (Bild 2.4). Aus einer Vielzahl möglicher Anfangsvarianten kristallisieren sich durch Selektion wenige mögliche Varianten heraus. In dieser Phase werden Entscheidungen durch Intuition getroffen, welche sich auf Planungserfahrung und auf Erkenntnisse aus Parameterstudien stützt. Aus den verbleibenden Konzeptansätzen werden mit Potentialstudien und Grobsimulationen zwei bis drei Varianten herausgefiltert, welche im Detail weiterverfolgt werden. In dieser Phase kommen rechnergestützte Simulationen zum Einsatz, um präzisere Aussagen treffen zu können und eine erste Optimierung zu ermöglichen. Für Detailfragen muss die technische Machbarkeit überprüft werden.

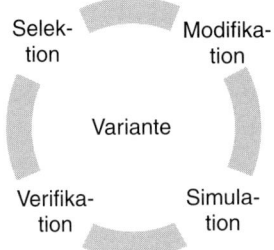

Bild 2.4. Iterative Optimierung

Die letztendliche Konzeptwahl kristallisiert sich im Laufe dieses Optimierungsprozesses heraus und wird manchmal erst in der Phase der Ausführungsplanung getroffen (Bild 2.5). Steht das endgültige Konzept fest, so erfolgt die Phase des „Feintunings". In dieser werden Detailprobleme optimiert, oftmals auch mit Hilfe von Messungen an Modellen oder Prototypen (z. B. Fassadenausschnitte, Zuluftelemente, Sonnenschutzsysteme). Hier fließen auch Anforderungen aus anderen Disziplinen wie der Produktionstechnik, der Innenarchitektur, des Designs usw. ein.

Entscheidend für die Planung ist die Definition der Randbedingungen und Anforderungen. Diese muss sehr sorgfältig erfolgen, da die Auswirkungen erheblich sind.

Variantenauswahl durch Intuition	○○○○○○ ○○○○○	Konzeptphase
Optimierung & Vergleich	○○○	Planungsphase
Konzeptentscheidung	○○○	
Detailoptimierung	○	Ausführungsphase
Ausführung	●	

Bild 2.5. Planungsfortschritt und Variantenzahl

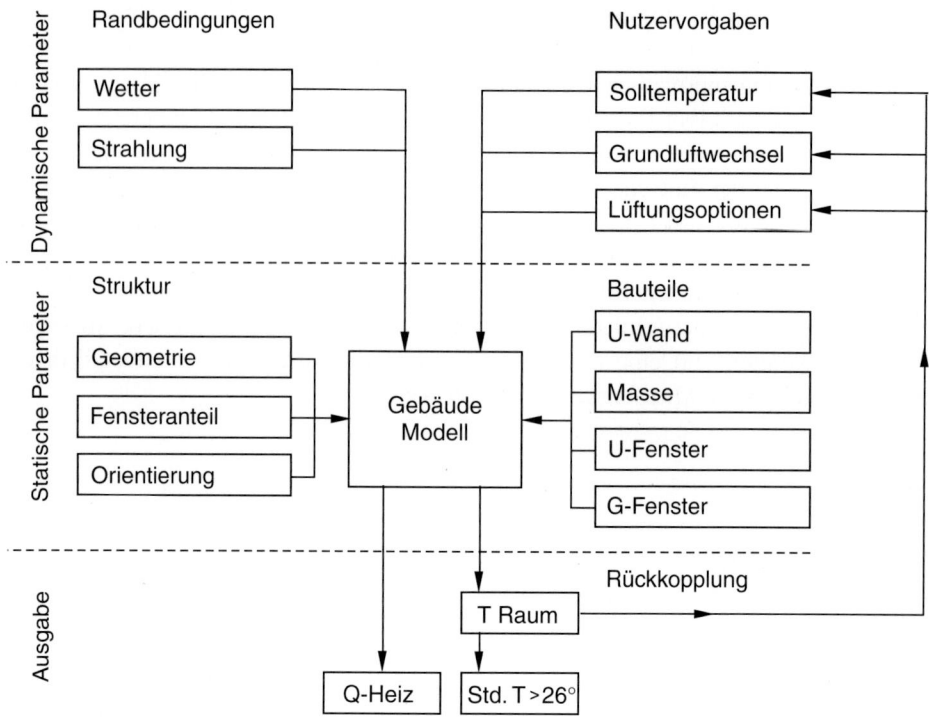

Bild 2.6. Datenflussplan für eine thermische Simulation

Insbesondere wenn physikalische Grenzpunkte überschritten werden (z. B. Fensterflächenanteil, Behaglichkeitsgrenzen usw.), die einen hohen Technikeinsatz nach sich ziehen. So können 1–2 Kelvin bei der zulässigen sommerlichen Grenztemperatur den Ausschlag geben, ob Kühldecken mit mechanischer Kälteversorgung erforderlich sind, oder ob Nachtlüftung bzw. Bauteilaktivierung ausreicht.

2.4 Energetische und raumklimatische Planungswerkzeuge

Zur Entwicklung dreidimensionaler Geometrien dienen Skizze und Modell. Fließen weitere Dimensionen wie Zeit, Temperatur, Energie oder Strömung in die Konzeptentwicklung mit ein, so sind dynamische Untersuchungsmethoden wie rechnergestützte Licht-, Energie- oder Strömungssimulationen erforderlich (Bild 2.7). Werden die Möglichkeiten der mathematischen Modellbildung oder rechenzeitspezifische Grenzen überschritten, so können Windkanaluntersuchungen oder Messungen in einem Klimalabor bzw. an einem 1:1 Modellausschnitt eine Hilfestellung

2.4 Energetische und raumklimatische Planungswerkzeuge

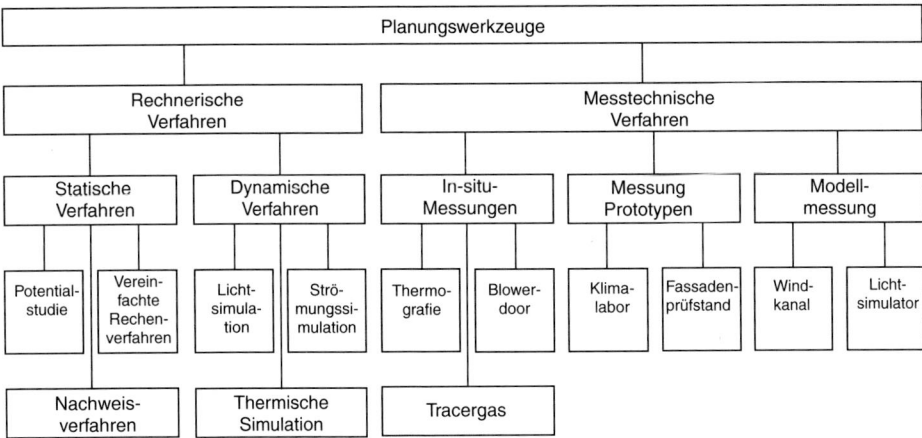

Bild 2.7. Planungswerkzeuge

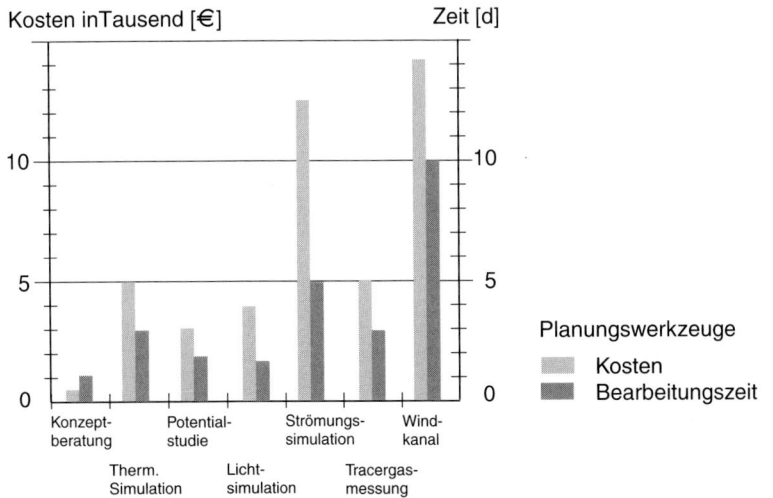

Bild 2.8. Minimale Kosten und Zeitbedarf von Planungsmethoden

bieten. Letztere spielen vor allem bei der Fassadenentwicklung und bei der Prototypenüberprüfung eine Rolle.

Diese Untersuchungsmethoden können sowohl bei konkreten Projektplanungen als auch in exemplarischen Parameterstudien eingesetzt werden. Letztere liefern grundlegende Erkenntnisse für typische Fragestellungen, wie z. B. der Wirksamkeit von Lichtlenksystemen oder der Effizienz von natürlichen Kühlstrategien. Dieses Wissen ist Grundlage für eine schnelle und fundierte Konzeptvorauswahl.

Zeitbedarf und Kosten der Untersuchungsmethoden (Bild 2.8) stehen in direktem Verhältnis zum Detaillierungsgrad. Aus diesem Grund sind detaillierte Simulationen in den ersten Planungsphasen oft nur wenig praktikabel, da die Variantenzahl hoch ist und schnelle Entscheidungen gefordert sind. Zudem stehen viele Randbedingungen noch nicht fest.

2.5 Strategien für den optimalen Planungserfolg

Je früher je besser

Je frühzeitiger ein Klimadesigner in den Prozess einbezogen wird, umso größer ist sein Wirkungspotential. Idealerweise wird er schon in die Formulierung der Aufgabenstellung für das Gebäude mit einbezogen, da im präzisen Definieren der Anforderungen ein enormes Einsparpotential liegt.

Optimierung der Struktur

In der Phase des Städtebaus und der Findung der Gebäudeform wird der überwiegende Teil der energetischen und raumklimatischen Eigenschaften des Gebäudes festgelegt. Hier kann der Klimadesigner beratend die Konzeptfindung unterstützen.

Planen in Varianten

In der Anfangsphase des Planungsprozesses sollten mehrere Varianten parallel weiterverfolgt und optimiert werden. Auf diese Weise können die gebäudespezifischen Einsparpotentiale besser erschlossen werden.

Weniger ist mehr

Einfache Energiekonzepte sind besser, da der technische Aufwand und damit einhergehend die Fehleranfälligkeit abnimmt. Werden zu viele Komponenten in ein System integriert, so können sich durch unerwünschte Interaktionen Einspareffekte aufheben oder sogar zu einem Mehrverbrauch führen. Zudem sind einfache Konzepte für den Nutzer nachvollziehbarer und werden damit besser akzeptiert.

Intelligente Gebäude statt intelligenter Technik

Gebäude müssen eine integrierte Intelligenz aufweisen, müssen in weiten Teilen selbstregelnd funktionieren. Die Option, ein instabiles Gebäude mit aufwändigen Regelsystemen energieeffizient zu betreiben, bewahrheitet sich in der Regel nicht.

3 Wohlbefinden und Raumklima

Das Wohlbefinden des Menschen wird von einer Vielzahl von Kriterien beeinflusst. Äußere Einflüsse, psychologische, physiologische, soziologische und ästhetische Einflüsse vermischen sich zu einer subjektiven Sinneswahrnehmung (Bild 3.1). Diese lässt sich nicht mathematisch oder physikalisch beschreiben. Die Erfahrung und eine Vielzahl wissenschaftlicher Untersuchungen zeigen jedoch, dass es eine charakteristische thermische Umgebung gibt, die von den meisten Menschen als behaglich empfunden wird. Diesen Ausschnitt aus dem komplexen Feld des menschlichen Wohlbefindens beschreibt man als thermische Behaglichkeit. Eine gleichmäßige Temperatur der Luft und der Umschließungsflächen zwischen 22 °C im Winter und bis zu 25 °C im Sommer wird bei durchschnittlicher Bürokleidung, geringer Luftbewegung und bei mäßiger körperlicher Aktivität von den meisten Menschen als angenehm empfunden. Die thermische Behaglichkeit ist eine entscheidende Basisgröße für das körperliche und geistige Leistungsvermögen des Menschen. Außerhalb des Behaglichkeitsbereichs sinken die körperlichen und geistigen Leistungen ab und führen auf Dauer zu Ermüdung und erhöhter Unaufmerksamkeit. Dies steigert das Unfallrisiko und kann zu Gesundheitsschäden führen. Motivation und Kreativität sinken. Somit ist die thermische Behaglichkeit nicht nur eine Komfortfrage, sondern eine wirtschaftliche Notwendigkeit im Hinblick auf die Leistung und die Gesundheit von Büroangestellten (Bild 3.2).

Das Empfinden des Menschen wird nicht nur von den thermischen Aspekten beeinflusst. Die Luftqualität, der Lärmpegel, Jahres- und Tageszeit sowie Wetter sind von erheblicher Bedeutung. Auch Geschlecht, Gewicht, Gesundheitszustand und Alter der Person beeinflussen das Wohlbefinden. Einen Einfluss auf das subjektive Wohlbefinden haben auch die verarbeiteten Materialien und deren Farben. Holz wirkt wärmer und gemütlicher als Stahl oder Beton. Blaue und grüne Farben sind kälter

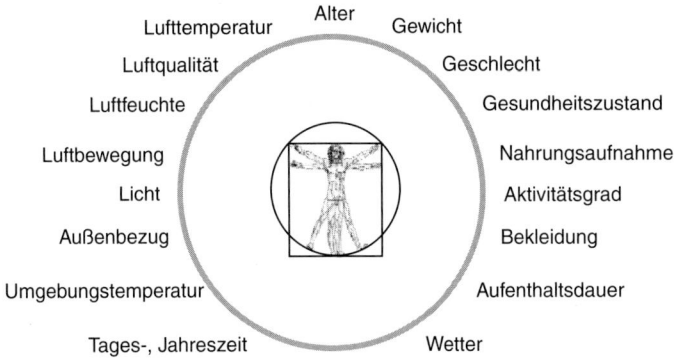

Bild 3.1. Faktoren des menschlichen Wohlbefindens

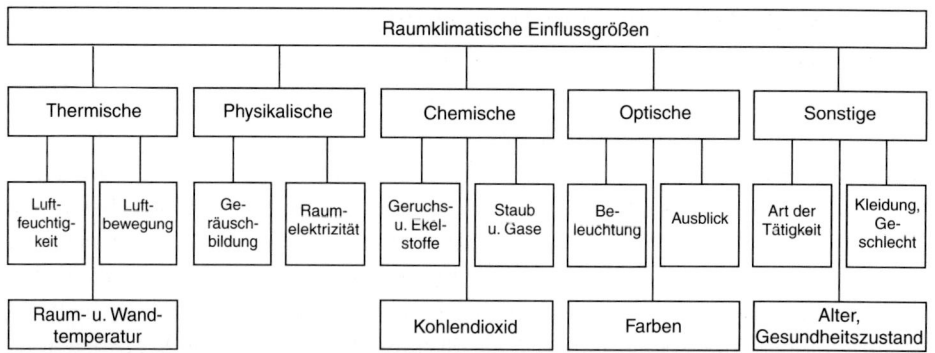

Bild 3.2. Raumklimatische Einflussgrößen

und zugleich beruhigend, gelbe und rote Farben sind wärmer und können die Stimmung reizen. Weiß und schwarz wirken neutral. Eine gut gewählte Farbgebung verbessert die Wahrnehmung, steigert die Motivation, verringert Fehlleistungen und erhöht damit die Sicherheit, fördert die Orientierung und begünstigt die Erholung in der Pausenzeit.

Das Wohlbefinden des Menschen ist kaum durch stationäre Raumverhältnisse sicher zu stellen. Wechselnde Verhältnisse werden von Menschen bevorzugt. Die individuelle Eingriffsmöglichkeit auf die Umgebungsbedingungen und die Nachvollziehbarkeit des technischen Gebäudekonzepts sind dafür grundlegende Kriterien. So empfindet der Mensch kalte Luft, die durch das geöffnete Fenster einströmt, eher als angenehm und frisch, da er das Fenster sofort schließen kann, wenn ihm der Raum zu kalt wird. Sitzt die Person jedoch im Luftzug einer Lüftungsanlage, die nur wenig zu kühl eingestellt ist, fühlt er sich in der Regel schnell unbehaglich.

3.1 Bedürfnisse des Menschen am Arbeitsplatz

Die Behaglichkeitsanforderungen an Büroarbeitsplätze sind hoch, da der Mensch hier lange Zeiträume verbringt, ohne seinen Aufenthaltsort beliebig wechseln zu können. Hinzu kommt, dass er in der Regel konzentriert (oft am Bildschirm) arbeiten muss. Damit ist er in hohem Maße von den bereitgestellten Raumbedingungen abhängig. Der Standort und das lokale Klima spielen eine wichtige Rolle bei dem Gebäudeentwurf. Dabei sollten den späteren Nutzern individuelle Möglichkeiten zur Mitbestimmung eingeräumt und bedienerfreundliche Schnittstellen zur Gebäudetechnik vorgesehen werden. Die Raumgröße und Raumgeometrie hängt vom gewählten Planungsraster ab. Ein Doppelbüro sollte eine Nutzfläche von ca. 20 m^2 aufweisen und dabei eine maximale Raumtiefe von ca. 5 m haben, um eine ausreichende Tageslichtbeleuchtung zu erreichen. Bei nicht ausreichender Tageslichtversorgung oder bei Arbeitsplätzen in der Raumtiefe kann eine Lichtlenkung die Behaglichkeit verbessern.

3.2 Thermische Behaglichkeit

3.2.1 Einflussparameter

Die thermische Behaglichkeit definiert sich über die Wärmephysiologie des Menschen. Zentral gelegene Organe des Menschen, insbesondere das Gehirn, sind nur in einem engen Temperaturbereich um 37 °C funktionsfähig. Der Mensch muss seine Kerntemperatur konstant halten und ist darauf angewiesen, seine durch den Stoffwechsel überproduzierte Wärme an die Umgebung abzugeben (Bild 3.3). Nur durch ein effektives Thermoregulationssystem ist der Mensch in der Lage, auch bei tropischer Wärme, polarer Kälte, in der Sauna und in Eisbädern diese Kerntemperatur konstant zu halten. Das Temperaturzentrum befindet sich im Hypothalamus, am Boden des Mittelhirns. Sobald die Oberflächentemperatur der Haut unter 33 °C sinkt, fängt der Mensch an zu frieren. Bei einer Stammhirn-/Trommelfelltemperatur von über 37 °C setzt Schwitzen ein. Eine thermische Behaglichkeit ist gegeben, wenn diese Schwellenwerte weder unter- noch überschritten werden. Bei längerem Aufenthalt in zu warmen Temperaturen verringert sich die Leistungsfähigkeit des Menschen (Bild 3.4). Bei zu kalten Temperaturen werden Erkältungserkrankungen ausgelöst. Die thermische Behaglichkeit ist hauptsächlich abhängig von der Raumlufttemperatur, Oberflächentemperatur der Umschließungsflächen, Luftfeuchte und Luftbewegung.

Diese vier Faktoren beeinflussen sich gegenseitig. Das Mittel aus Raumlufttemperatur und der Temperatur der Umschließungsflächen ergibt die „empfundene Temperatur". Die Oberflächentemperaturen sollten in etwa gleich hoch sein, damit es nicht zu

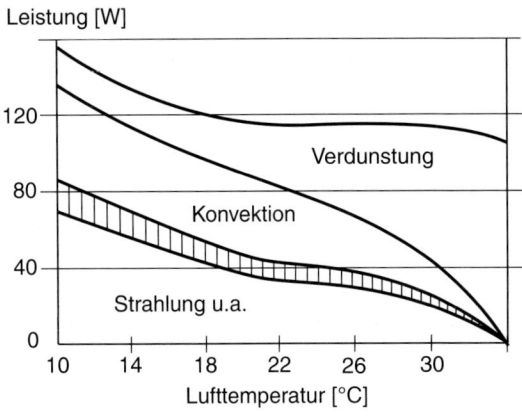

Bild 3.3. Wärmeabgabe des normal bekleideten Menschen ohne körperliche Tätigkeit bei ruhender Luft

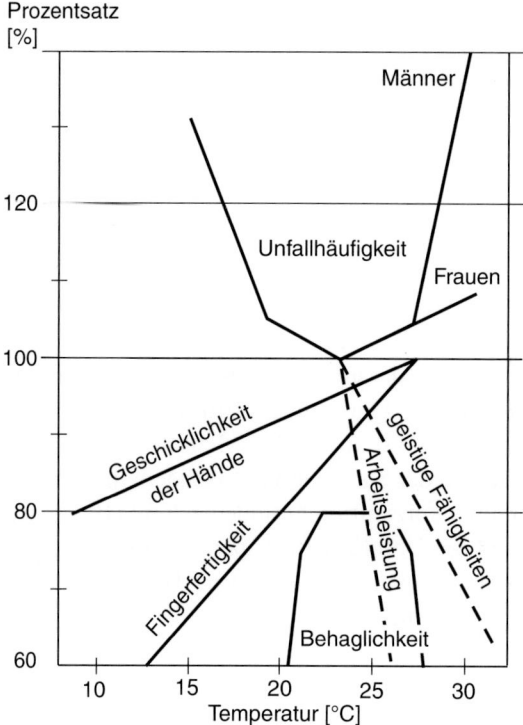

Bild 3.4. Unfallhäufigkeit, Leistungsfähigkeit und Behaglichkeit bei sitzender Tätigkeit (1 met) und leichter Kleidung, abhängig von der Temperatur

einer einseitigen Entwärmung des menschlichen Körpers kommt. Außerdem führen kalte Oberflächen zu Kaltluftabfall, der Zugerscheinungen verursachen kann. Höhere Lufttemperaturen erlauben stärkere Luftbewegungen.

Als Grenzwerte für die vier Faktoren lassen sich definieren:

Raumlufttemperatur und Oberflächentemperatur von 20 °C bis 22 °C (im Sommer bis 26 °C), Luftfeuchte von 35 % bis 60 %, Luftbewegung bis 0,15 m/s. Bei der Einhaltung dieser Grenzwerte muss im Allgemeinen mit einer Zahl von ca. 5 % Unzufriedenen gerechnet werden. Aufgrund der Vielzahl von Faktoren, die für das menschliche Wohlbefinden ausschlaggebend sind, ist eine Zufriedenheit von 100 % in der Praxis nicht zu erreichen (Bild 3.5).

Weitere Abhängigkeitsparameter werden im Folgenden beschrieben:

Jahreszeit, Wetter und Außentemperatur

Die optimale Raumlufttemperatur ist je nach Jahreszeit bzw. Außentemperatur unterschiedlich. Während im Winter bei kalten Außentemperaturen eine Innentemperatur von 20 °C als durchaus angenehm empfunden wird, kann diese im Sommer als kühl empfunden werden (Bild 3.6).

3.2 Thermische Behaglichkeit

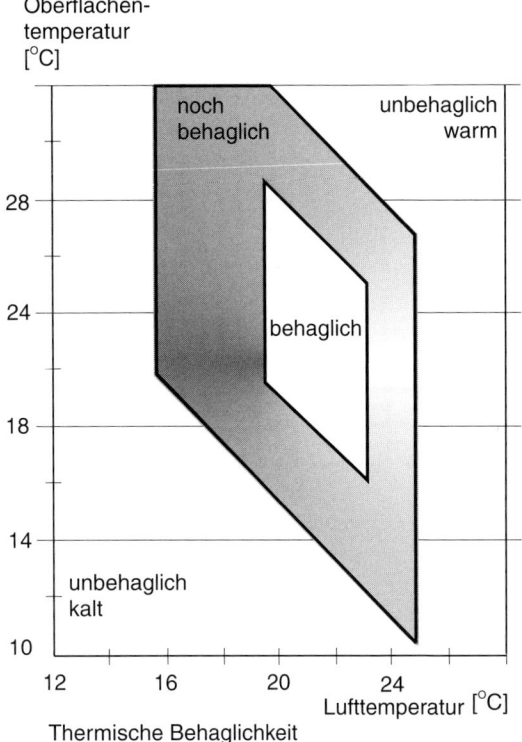

Bild 3.5. Einfluss von Oberflächen- und Lufttemperatur auf die thermische Behaglichkeit: Zone der Behaglichkeit mit Randbereich

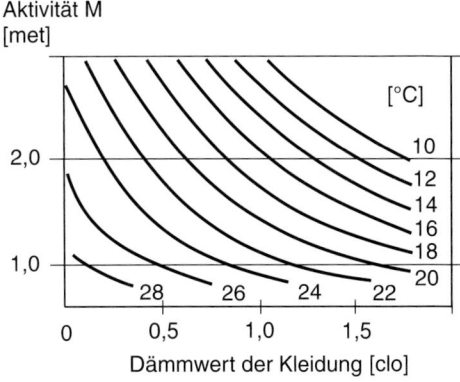

Bild 3.6. Optimale operative Temperatur in Abhängigkeit von Aktivität und Kleidung

Art und Grad der Tätigkeit

Die Tätigkeiten, die ein Mensch ausführen kann, werden nach DIN 1946-2 in vier unterschiedliche Aktivitätsgrade eingeteilt (Bild 3.7). Je nach Aktivitätsgrad eines Menschen wird der thermische Zustand der umgebenden Luft anders empfunden. So kann bei erheblicher körperlicher Tätigkeit bereits eine Temperatur von 15 °C als angenehm empfunden werden. Ein ruhender liegender Mensch würde bei dieser Temperatur frieren. Das Maß der Aktivität wird auch als „metabolic rate" [met] angegeben. Eine leichte Bürotätigkeit im Sitzen entspricht etwa 1 met.

Tätigkeit	Grad der körperlichen Tätigkeit [met]	Energieumsatz [W/m²]/[W]	Aktivitätsgrad nach DIN 1946-2
sitzend, entspannt	1,0	58/104	I
sitzend, leichte Tätigkeit	1,2	70/126	I
stehend, leichte Tätigkeit (z. B. Labor)	1,6	93/167	II
mäßige körperliche Arbeit (Hausarbeit)	2,0	116/209	III
schwere körperliche Arbeit	3,0	174/313	IV

Bild 3.7. Aktivitätsgrade des Menschen nach DIN 1946-2

Art der Kleidung

Der Mensch wählt seine Kleidung nach dem Außenklima aus. Dicke Winterbekleidung sorgt nicht nur für eine geringere Empfindlichkeit gegenüber niedrigen Temperaturen, sondern schirmt zudem hohe Luftbewegungen von der Haut ab. Die sommerliche Bekleidung in der warmen Jahreszeit bedingt eine höhere Innenraumtemperatur. Ohne Bekleidung wäre eine Temperatur von 28 °C behaglich. Das Maß der Bekleidung ist der „clothing factor" [clo]. Normale Bürokleidung entspricht 0,8 clo.

Ernährung

Die Körpertemperatur eines gesättigten Menschen liegt üblicherweise höher als die eines hungrigen. So wird ein satter Mensch früher schwitzen und weniger schnell frieren.

Geschlecht

Untersuchungen zeigen, dass Frauen 2 °C bis 3 °C höhere Temperaturen als behaglich empfinden.

Alter

Ältere Menschen empfinden höhere Temperaturen als behaglich, jüngeren Menschen kann hingegen eine Raumtemperatur von 18 °C genügen.

Aufenthaltsdauer

Je nach Außentemperatur kann der kurzzeitige Aufenthalt in besonders kalten bzw. warmen Räumen als angenehm empfunden werden. Bei einer längeren Aufenthaltsdauer stellt sich die Wärmephysiologie um, und die extremen Temperaturen werden unbehaglich. Deshalb sollte in Räumen kurzen Aufenthalts die Temperatur zwischen 20 °C und der Temperatur der Außenluft liegen.

3.2.2 Raumluftströmungen

Die Luftgeschwindigkeiten im Raum üben einen erheblichen Einfluss auf die Behaglichkeit aus. Der Mensch kann an seinem Arbeitsplatz Raumluftströmungsgeschwindigkeiten bis 0,15 m/s als angenehm empfinden. Bei höheren Lufttemperaturen sind auch höhere Geschwindigkeiten angenehm. Hierbei ist zu beachten, dass der Turbulenzgrad der Geschwindigkeit einen großen Einfluss auf das Komfortgefühl des Menschen hat. Der Turbulenzgrad liegt bei normalen Raumströmungen bei 40 % und höher, so dass die untere Grenzkurve angesetzt werden sollte (Bild 3.8). Das

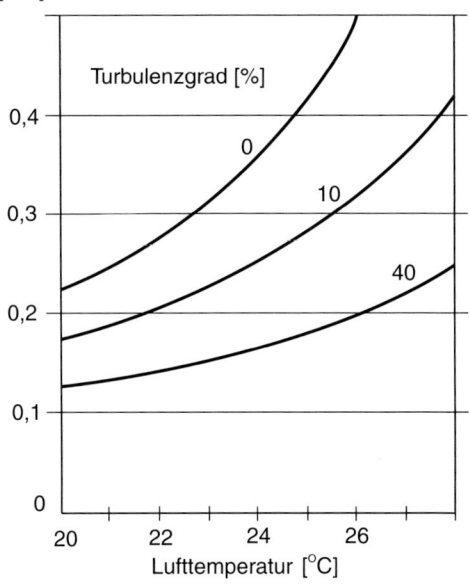

Bild 3.8. Maximale mittlere Luftgeschwindigkeiten im Behaglichkeitsbereich als Funktion von Temperatur und Turbulenzgrad der Luft bei sitzender Tätigkeit und mittlerer Bekleidung, DIN 1946-2

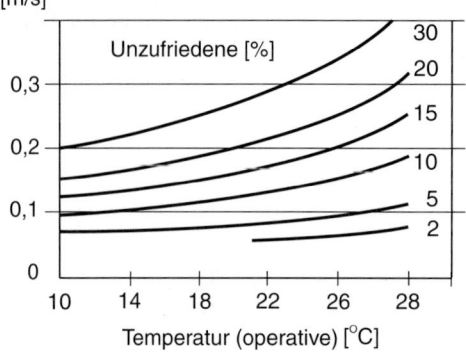

Bild 3.9. Prozentsatz Unzufriedener, in Abhängigkeit von der Raumluftgeschwindigkeit und Lufttemperatur bei Turbulenzgrad Tu 40 %, 0,8 clo, 1 met (nach Fanger)

Bild 3.9 zeigt die als angenehm empfundenen Strömungsgeschwindigkeiten in Abhängigkeit der empfundenen Temperatur, bei Personen mit 1 met Aktivitätsgrad und 0,8 clo Wärmewiderstand der Kleidung, sowie bei gleicher Raumluft- und Oberflächentemperatur der Umschließungsflächen.

3.2.3 Raumluftfeuchtigkeit

Luft kann Wasserdampf aufnehmen. Die Wasserdampfaufnahmefähigkeit in der Luft hängt von der Lufttemperatur ab. Je höher die Lufttemperatur, desto mehr Feuchtigkeit kann aufgenommen werden. Der Mensch nimmt die Luftfeuchtigkeit nicht unmittelbar wahr. Nur eine sehr hohe Luftfeuchte (über 65 % relative Feuchte) im Sommer wird als unangenehm schwül empfunden. Im Winter hingegen kann eine relativ hohe Feuchtigkeit in der Luft als Belebung empfunden werden (Bild 3.10). Zu trockene Luft kann auf Dauer spröde Haut und Reizungen der Nasenschleimhaut verursachen. Eine optimale Luftfeuchtigkeit lässt sich nicht definieren. Man geht heute jedoch davon aus, dass sie im Bereich zwischen 30 % und 70 % liegen sollte. Bei einer Luftfeuchtigkeit unter 35 % wird die Staubentwicklung begünstigt und Kunststoffe können sich elektrostatisch aufladen. Die Luftfeuchte hat außerdem Einfluss auf das Geruchsempfinden: Tabak- und Küchengerüche werden bei hoher Feuchte weniger wahrgenommen, Gummi-, Farb- und Linoleumgerüche hingegen stärker. Die empfundene Luftqualität wird mit zunehmender Enthalpie der Luft schlechter, also mit zunehmender Luftfeuchte oder Temperatur. Ein geregelter Feuchtigkeitsgehalt der Luft kann nur mit mechanischen Klimaanlagen geschaffen werden. Die Luftqualität bei Klimaanlagen hängt vor allem von der regelmäßigen Wartung der Anlage ab, da Luftbefeuchter bei unzureichender Wartung zur Verbreitung von Mikroorganismen führen können. Bei natürlicher Lüftung hängt die Luft-

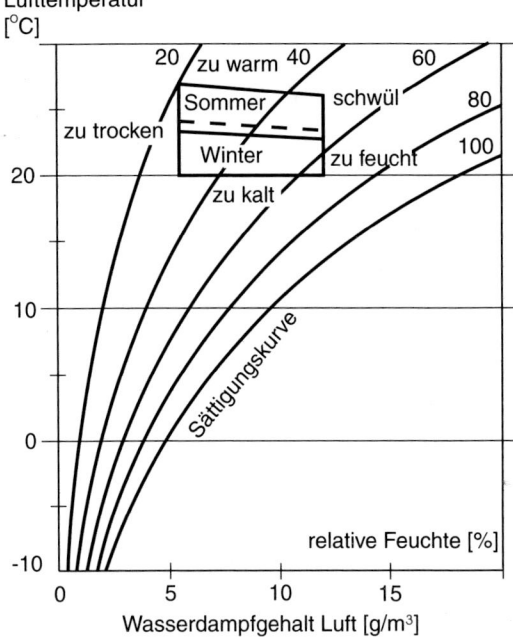

Bild 3.10. Als behaglich empfundene Temperatur- und Feuchtebereiche im Sommer und im Winter bei leichter Tätigkeit und mittlerer jahreszeitüblicher Kleidung

feuchtigkeit von der Außenluft ab. Pflanzen oder Wasserbecken im Raum können zur Befeuchtung der Luft beitragen.

3.3 Raumluftqualität

Neben der thermischen Behaglichkeit ist die Raumluftqualität ausschlaggebend für das Wohlbefinden. Menschen nehmen die Luftqualität mit dem Geruchssinn und über die Schleimhäute wahr. Der Geruchssinn befindet sich in der Nasenhöhle und kann mehrere hunderttausend Geruchsstoffe in der Luft differenzieren. Die Qualität der Luft wird nach dem Gehalt der Verunreinigungen durch Gase, Dämpfe, Gerüche, Staub, Keime und sonstige Partikel beurteilt. Je weniger Stoffe die Luft neben ihren normalen Bestandteilen enthält, umso besser ist ihre Qualität. Frische Luft besteht zu 99,9 % aus Sauerstoff, Stickstoff, Edelgasen und Wasserdampf. Der Rest sind mehr als 8 000 Substanzen in geringer Konzentration, die die Luftqualität beeinträchtigen können. Sie können bei kleinsten Konzentrationen unangenehm oder sogar schädlich sein. Dazu zählen Aerosole in flüssiger oder fester Form wie Staub und Mikroorganismen (Viren, Pilzen, Bakterien, Sporen, Pollen) mit einem Durchmesser unter 10 m. Gase, zumeist flüchtige organische Substanzen, können bei kleinsten Konzentrationen als unangenehm empfunden werden und haben damit ebenso wie die Partikel Auswirkungen auf Arbeitsqualität und Leistungsfähigkeit.

Einen Überblick über die zulässigen Konzentrationen der in Innenräumen auftretenden Schadstoffe enthalten die MAK-Tabellen (Maximale-Arbeitsplatz-Konzentration). Die Werte der Tabellen beziehen sich auf eine wöchentliche Gesamtarbeitszeit von 40 Stunden und geben an, wie hoch die Konzentration einzelner Substanzen sein darf, ohne dass eine gesundheitsgefährdende Wirkung zu erwarten ist.

Der Mensch produziert über die Atmung bei leichter Bürotätigkeit 19 bis 24 Liter Kohlendioxid pro Stunde und trägt damit erheblich zur Verschlechterung der Raumluftqualität bei. Die Konzentration von Kohlendioxid (CO_2) soll in Büroräumen gemäß DIN 1946 0,15 Vol% nicht überschreiten. Um dies zu erreichen, sind pro Person 20 m^3 Frischluft pro Stunde erforderlich. Gesundheitsschädliche Wirkungen werden erst ab 2,5 % erreicht. Neben Kohlendioxid enthält die vom Menschen ausgeatmete Luft noch zu ca. 79 % Stickstoff. Außerdem gibt der Mensch Gerüche in Form von Ammoniak, Methan und Fettsäuren an die Luft ab. Besonders stark wird die Luft durch Tabakrauch belastet. Aus der Luftbelastung durch Menschen, Baumaterialien und Möbel ergibt sich der erforderliche Luftwechsel für das Büro. Je weniger schädliche Materialien verwendet werden und je geringer der Raucheranteil in den Büroeinheiten ist, umso geringer ist der erforderliche Luftwechsel, um eine gute Luftqualität zu erreichen. Die Verunreinigung durch eine erwachsene Person bei geringer Tätigkeit wird als 1 „Olf" [olf] definiert. Sitzt eine Person in einem

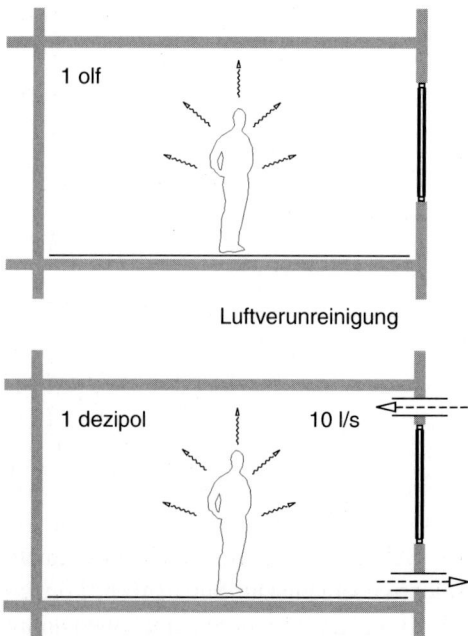

Bild 3.11. Der Mensch verursacht eine Verunreinigung der Luft. Diese Verunreinigung einer erwachsenen Person bei geringer Tätigkeit wird als 1 „Olf" [olf] definiert. Werden 10 l/s reine Luft mit einem Olf verunreinigt erhält man die Einheit der empfundenen Luftverunreinigung 1 Dezipol [dezipol]. Alle anderen Verunreinigungsquellen werden auf diese Einheiten bezogen

Raum mit einem Luftwechsel von 10 l/s, stellt sich eine empfundene Luftverunreinigung von einem „Dezipol" [dezipol] ein (Bild 3.11).

3.4 Visuelle Behaglichkeit

3.4.1 Einfluss des Tageslichts

Tageslicht ist für das Wohlbefinden besser als Kunstlicht, da es alle Spektralfarben enthält und einem witterungsbedingten und saisonalen Wechsel unterliegt. Tageslicht ist ein wichtiger Faktor für den menschlichen Stoffwechsel, die Vitaminbildung und den Hormonhaushalt. Die Sichtverbindung nach außen ist wichtig als Erholungsmöglichkeit für die Augen, da sich eine völlige Entspannung erst bei einem Weitblick von mindestens fünf Metern einstellt. Für den Augenkontakt nach draußen muss die Verglasung bis in Augenhöhe einer sitzenden Person reichen.

3.4.2 Messbare Kenngrößen

Der Helligkeitseindruck hängt von der Beleuchtungsstärke und den Reflexionen der angestrahlten Gegenstände ab. Eine gute Ausleuchtung bewirkt nicht nur eine hohe Sehleistung, sondern steigert den Sehkomfort. Die Augen ermüden weniger schnell und das Wohlbefinden sowie die Motivation bei der Arbeit steigen. Ausschlaggebend für die Leistungsbereitschaft und das Konzentrationsvermögen des Menschen ist ein ungestörter Ablauf des Wahrnehmungsvorgangs im Gehirn. Eingeschränkt wird dieser von einer ungünstigen Leuchtdichteverteilung im Raum, Blendung und unrichtiger Farbwiedergabe. Für die visuelle Behaglichkeit sind die Grundempfindungen des Auges wie Wahrnehmungsgeschwindigkeit, Sehleistung und Unterschiedsempfindlichkeit ausschlaggebend. Dazu müssen am Arbeitsplatz die Leuchtdichteverhältnisse aufeinander abgestimmt werden. Die Leuchtdichte am Arbeitsgut (Infelddichte) soll den Leuchtdichteverhältnissen der Umgebung (Umfeldleuchtdichte) angepasst werden. Die Umfeldleuchtdichten sollten zwischen 1/10 und 2/3 der Werte der Infeldleuchtdichten liegen. Um zusätzlich Ermüdungen zu vermeiden, sollten Helligkeitsunterschiede im direkten Sehbereich ein Verhältnis 1:3 zwischen dunkelsten und hellsten Flächen nicht überschreiten. Darum ist es ratsam, die Büroarbeitsplätze im rechten Winkel zu den Fenstern anzuordnen. Insbesondere Bildschirme sollten nicht parallel zum Fenster stehen.

Die DIN 5034 und DIN 5035 sowie die ASR 7/3 legen die einzuhaltenden Nennbeleuchtungsstärken fest. Bei Bildschirmarbeitsplätzen ist ein Blendschutz dringend notwendig, um die Reflexionsblendung an Monitoren und die Direktblendung durch die Sonne wie auch durch reflektierende Oberflächen von gegenüberliegenden Gebäuden auszublenden. Auch bei der Nordorientierung ist ein Blendschutz erforderlich, da auch diffuses Licht zu hohen Leuchtdichten am Fenster und damit zu Blendung führt.

3.4.3 Einfluss von Farben

Die Farbe hat als grundlegendes Gestaltungselement einen großen Einfluss auf die Wirkung der Architektur. Somit ist Farbe auch ein wesentlicher Faktor für das psychische und physische Wohlbefinden des Menschen.

Die Wirkung von unterschiedlichen Farbreizen auf den menschlichen Organismus steht vor allem mit der Funktion des vegetativen Nervensystems in Verbindung. Die Wirkung des Farblichts wird seit Jahren in der Lichttherapie angewandt, mithilfe derer z. B. eine Stärkung des Immunsystems oder eine positive Beeinflussung der menschlichen Psyche erreicht werden kann. Der Einfluss der farbgestalterischen Maßnahmen auf die Behaglichkeit ist dabei wieder von vielen nicht messbaren subjektiven Parametern abhängig. Solche Parameter sind z. B. kulturelle Faktoren oder individuelle Dispositionen und Präferenzen.

3.5 Akustische Behaglichkeit

Die Schallgrenze, ab der ein Mensch Außengeräusche als zu laut empfindet, ist individuell sehr unterschiedlich. Dennoch ist die Einhaltung von bestimmten Grenzwerten für eine uneingeschränkte Arbeitsleistung wichtig.

Bei den Innengeräuschen sind die Grenzen die gleichen wie bei Außengeräuschen, nur dass die Ursachen andere sind. Störende Innengeräusche können durch Personen in benachbarten Räumen, Geräte, Maschinen und Trittschall verursacht werden, wenn die Schalldämmwirkung der Trennwände und Decken unzureichend ist. Geräusche können auch über Lüftungsanlagen und Wasserleitungen übertragen werden. Interne Schallübertragungswege nachträglich auszuschalten erfordert in der Regel einen erheblichen Aufwand.

Ein weiters Kriterium ist die Raumakustik. In der Regel sollte ein Raum auch schallabsorbierende Oberflächen haben, um die Nachhallzeiten zu reduzieren.

4 Außenklima und Energie

Im mitteleuropäischen Klima stellen Gebäude einen Schutz vor den unwirtlichen klimatischen Verhältnissen dar. In Deutschland ist es die meiste Zeit des Jahres zu kalt, zu nass oder zu windig für einen angenehmen Aufenthalt im Freien. Während einer kurzen Periode im Hochsommer ist es zu warm. Gebäude in diesem Klima müssen daher multifunktional gegen die unterschiedlichsten Witterungseinflüsse gerüstet sein (Bild 4.1). Je besser die Gebäudehülle diese Funktionen übernimmt, umso weniger Energie muss in Form von Heizwärme und Kühlenergie aufgewendet werden, um das Gebäude zu nutzen. Die Wechselwirkungen zwischen der Hülle, den Nutzungsanforderungen im Inneren und dem Energiesystem sind oft widersprüchlich. In der Regel geht es um ein Abwägen der einzelnen Faktoren, um zu einem möglichst ausgewogenen und energieeffizienten Gesamtkonzept für das Gebäude zu kommen. Die Kenntnis der entscheidenden Faktoren und Wechselwirkungen ist dabei wichtig.

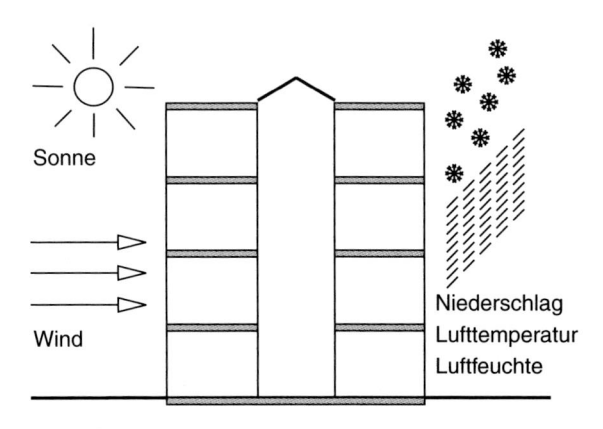

Bild 4.1. Auf das Gebäude wirken die verschiedenen Witterungseinflüsse ein

4.1 Außenklima

4.1.1 Außenlufttemperaturen

Deutschland befindet sich im Übergangsbereich zwischen einem gemäßigten maritimen Klima (wie beispielsweise in England) und dem kontinentalen Klima Osteuropas. Die Temperaturunterschiede zwischen den Jahreszeiten sind in Küstennähe geringer, im Südosten Deutschlands nehmen die Temperaturschwankungen zwischen Sommer und Winter zu. Die Höhenlage über dem Meeresspiegel hat zudem Einfluss auf die mittlere Jahrestemperatur. Etwa alle 200 Höhenmeter nimmt die Temperatur um etwas mehr als ein Grad ab. Regionale Besonderheiten der Topografie sowie die geografische Breite haben ebenfalls einen Einfluss auf die mittleren Temperaturen. Für das Klimakonzept von Gebäuden ist der jahreszeitliche Verlauf der Außentemperaturen von Bedeutung. Die mittlere Außentemperatur während der Sommermonate (Juni bis August) liegt in Deutschland unter 20 °C. In den Wintermonaten (Dezember bis Februar) liegen die Temperaturen im Mittel um 0 °C. Diese Werte werden stark vom aktuellen Wettergeschehen überlagert. Neben den Tag- und Nachtschwankungen führen die Wetterverhältnisse zu Abweichungen der tatsächlichen Außentemperaturen vom Mittelwert von bis zu 15 Kelvin. Entscheidend für die Auslegung von Klimakonzepten ist neben den mittleren klimatischen Verhältnissen vor allem die Häufigkeit von sehr hohen und sehr niedrigen Temperaturen. In Bild 4.2 ist die Häufigkeit von Außenlufttemperaturen am Standort Würzburg aufgetragen. Neben der absoluten Verteilung der Jahresstunden ist die Temperaturverteilung während der typischen Arbeitszeiten (Mo bis Fr, 8:00 bis 18:00) dargestellt. Zwischen 5 °C und 22 °C Außentemperatur ist in der Regel eine Fensterlüftung realisierbar. In diesem Temperaturbereich liegt auch der Großteil der Jahresstunden.

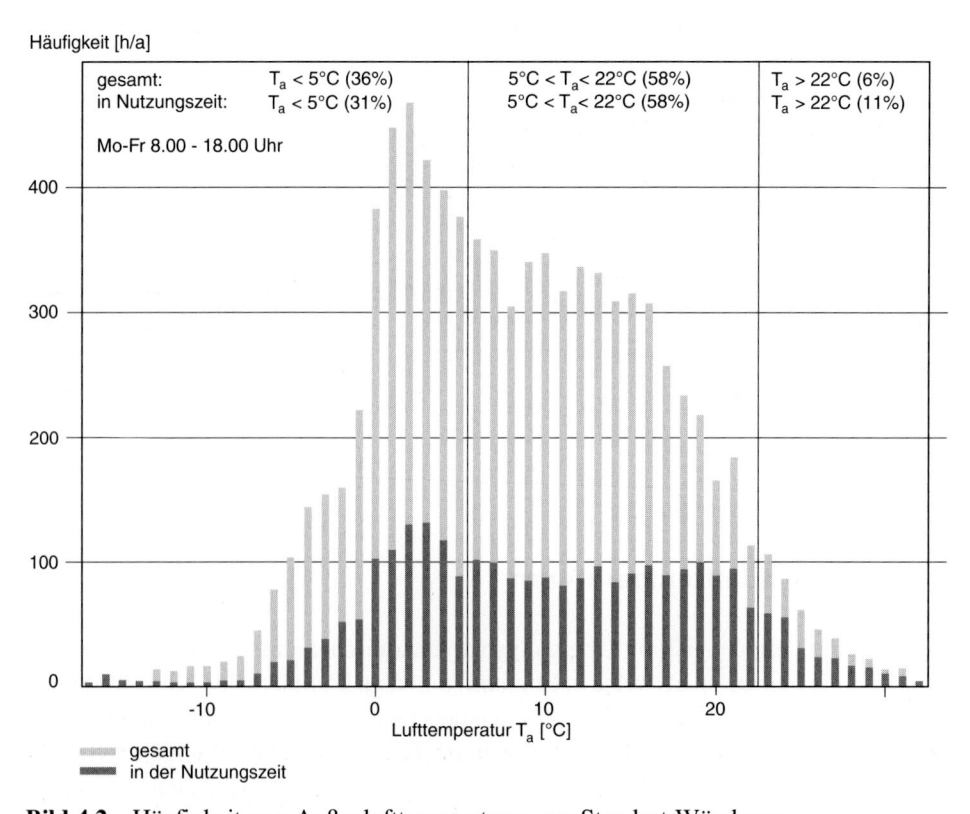

Bild 4.2. Häufigkeit von Außenlufttemperaturen am Standort Würzburg

4.1.2 Solarstrahlung

Je weiter man vom Äquator aus in Richtung Norden oder Süden abweicht, umso stärker verändert sich die Tageslänge im Verlauf der Jahreszeiten. Die Tageslänge hat neben den Wetterbedingungen einen großen Einfluss auf die solare Energieeinstrahlung. Im Bereich 47°–55° nördlicher Breite, den Breitengraden, zwischen denen Deutschland liegt, ist der längste Tag des Jahres (21. Juni) etwa 16 Stunden lang. Die Tag- und Nachtgleiche fällt auf den 21. März und den 21. September. Am kürzesten Tag des Jahres, dem 21. Dezember, erscheint die Sonne nur für acht Stunden über dem Horizont. Während die Sonne über dem Äquator das ganze Jahr über etwa die gleiche Sonnenstandshöhe erreicht, verändert sich der Sonnenstandswinkel in Deutschland mit dem Verlauf der Jahreszeiten. Zur Wintersonnenwende steigt die Sonne nur etwa 27° über den Horizont, zur Sommersonnenwende steht sie im Zenit bei etwa 73°. Für die Nutzung solarer Energie für die Gebäudebeheizung hat dies erhebliche Konsequenzen. Auf die äußere Erdatmosphäre treffen etwa 127 000 Terrawatt als kurzwellige Strahlung (Licht) auf. Pro Quadratmeter Erdatmosphäre ergeben sich 1 360 W (Solarkonstante). Durch Streuung, Absorption und die kugelförmige Oberfläche verringert sich die Leistung auf der Erdoberfläche. An einem trüben Wintertag erreichen die Werte in Deutschland etwa 50 W/m^2. In Gebirgslagen können im Sommer bei klarer Atmosphäre bis zu 1 000 W/m^2 erreicht werden. Dies ist die Leistung, die bei solarer Nutzung zur Verfügung steht. Die nutzbare solare Einstrahlung liegt in Deutschland zwischen 900 kWh/m^2a und 1 150 kWh/m^2a, wovon etwa Dreiviertel im Sommer eingestrahlt werden.

Zum Vergleich: In den kontinentalen Trockengebieten am Äquator beträgt die eingestrahlte Energiemenge bis zu 2 200 kWh/m^2a. Bei vertikalen Flächen (Fassaden) ist die jahreszeitliche Verteilung der Sonneneinstrahlung abhängig von der Orientierung (Bild 4.3). Die Nordseite erhält nur im Sommer in den frühen Morgen- und Abendstunden eine geringe solare Direktstrahlung. Durch die Streuung von direktem Licht in der Atmosphäre entsteht diffuse Strahlung. Die diffuse Strahlung trifft

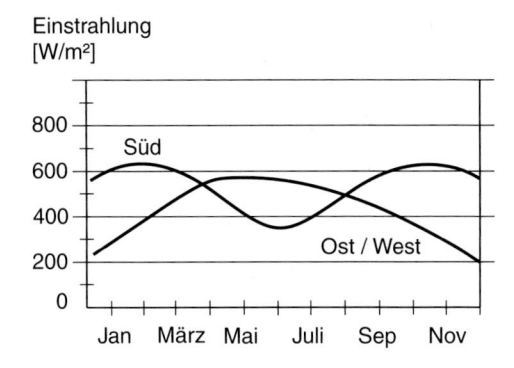

Bild 4.3. Monatliche Maxima der Gesamtstrahlung hinter einer vertikalen Isolierverglasung

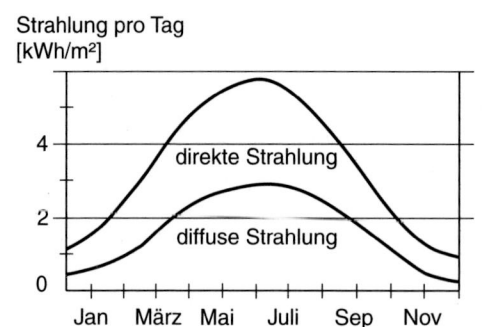

Bild 4.4. Tagesmittelwerte der Globalstrahlung (Freiburg)

aus allen Richtungen des sichtbaren Himmels auf die Erde. Die Überlagerung von diffuser und direkter Strahlung ergibt die Globalstrahlung (Bild 4.4).

4.1.3 Wind

Windlast auf Fassaden in Abhängigkeit der Gebäudehöhe

Die Windlast eines Bauwerks ist von dessen Form abhängig und setzt sich aus Druck- und Sogkräften zusammen. Die Windlast auf eine Fassade wird mit zunehmender Gebäudehöhe größer (Bild 4.5).

Höhe über Gelände [m]	0 bis 8	> 8 bis 20	> 20 bis 100	> 100
Windgeschwindigkeit [m/s]	28,3	35,8	42	45,6
Windgeschwindigkeit [km/h]	101,9	128,9	151,2	164,2

Bild 4.5. Maximal zu erwartende Windgeschwindigkeiten (DIN 1055-4)

Die Windgeschwindigkeiten sind stark von der Außenlufttemperatur abhängig. Die mittlere Windgeschwindigkeit liegt im Winter höher als im Sommer, dabei werden im Binnenland viel niedrigere Werte erreicht als an der Küste (Bild 4.6). Im Sommer und Winter sind die Windgeschwindigkeiten durchschnittlich geringer als in der Übergangszeit. Bei sehr kalter Witterung treten nur niedrige Windgeschwindigkeiten auf (3 m/s bis 8 m/s), hohe Windgeschwindigkeiten von etwa 20 m/s kommen meistens bei mittleren Außenlufttemperaturen vor. Diese kommen hauptsächlich aus westlicher Richtung. Die sehr kalten Winde kommen vor allem aus Richtungen um Ost. Als Bezugshöhe für Windangaben gilt die 10-Meter-Marke. In Norddeutschland liegt die mittlere Windgeschwindigkeit bei etwa 5 m/s, in Süddeutschland sind es etwa 2 m/s.

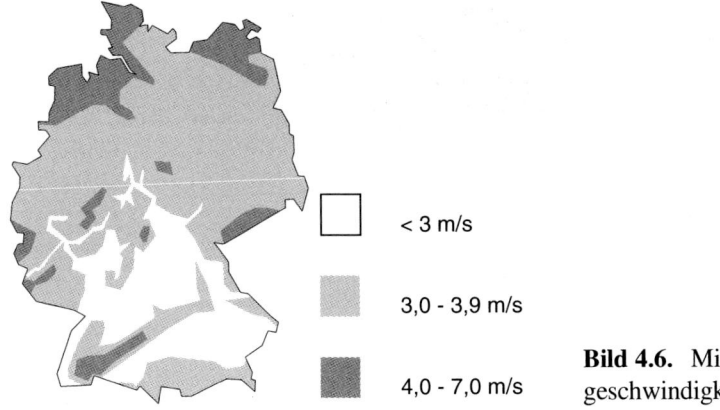

Bild 4.6. Mittlere Windgeschwindigkeiten in Deutschland

- < 3 m/s
- 3,0 - 3,9 m/s
- 4,0 - 7,0 m/s

Druckverteilung an Gebäuden

Wird ein Gebäude vom Wind angeströmt, so entsteht auf der dem Wind zugeneigten Seite (Luvseite) ein Überdruck, auf der dem Wind abgeneigten Seite (Leeseite) ein Unterdruck. An den seitlichen Flächen, an denen der Wind vorbeiströmt, entsteht ebenfalls ein Unterdruck (Bild 4.7). Durch diese Druckverteilung an der Fassade entsteht auch innerhalb des Gebäudes ein Druckgefälle von Luv nach Lee. Die Druckdifferenz bewirkt durch Öffnungen im baulichen Gefüge eine Querströmung.

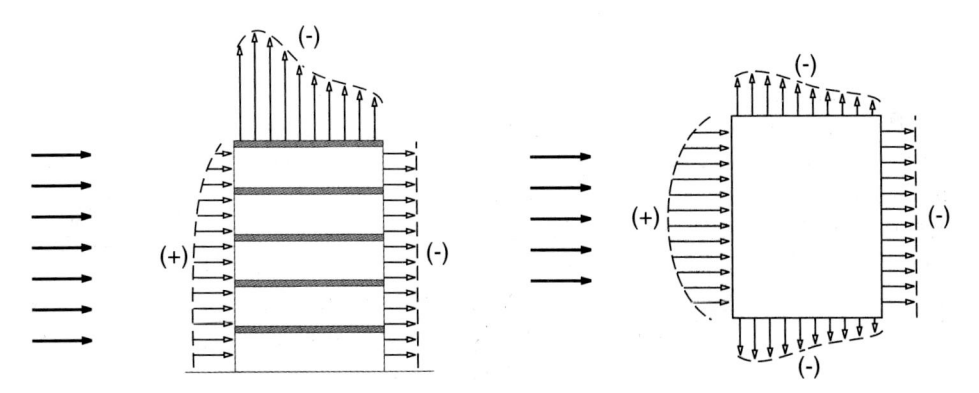

Bild 4.7. Druckverteilung durch Windeinfluss

Einfluss des Umfeldes

Die Windströmung legt sich erst in einiger Entfernung hinter dem Gebäude an den Erdboden an. Im Lee des Gebäudes bleibt ein stark verwirbeltes Gebiet, das „Totwassergebiet", in dem die Luftgeschwindigkeit nur ein Drittel der Windgeschwin-

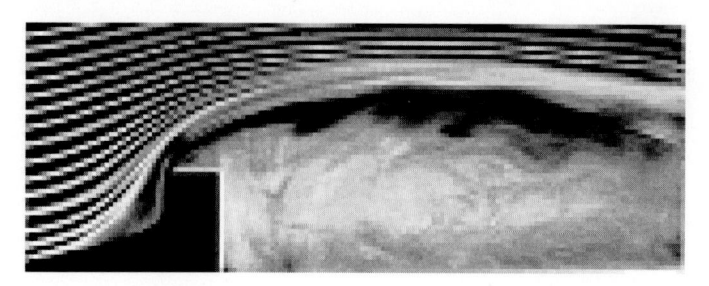

Bild 4.8. Umströmung eines Gebäudes

digkeit beträgt (Bild 4.8). Ist der Abstand zweier Gebäude kleiner als die Länge des „Totwassergebiets", so befindet sich das leeseitig gelegene Gebäude im Windschatten, d. h. dort befindet sich ein geringerer Winddruck an der Fassade. Je nach Windgebiet, Gebäudehöhe und mittlerem Windschutzfaktor (Verhältnis der Anströmgeschwindigkeit am windgeschützten Gebäude zur ungestörten Windgeschwindigkeit) kann die Lage von Gebäuden innerhalb eines Ensembles als „geschützt", „normal" oder „frei" definiert werden. Am Rande von Siedlungen oder auch größeren Plätzen ist die Windlage immer als „frei" einzustufen, falls nicht gleich hohe Bäume und dergleichen für Windschutz sorgen. Die umgebende Bebauung kann auch zu Düseneffekten führen, wodurch sich die Windgeschwindigkeiten verstärken.

4.2 Energiesystem Gebäude

Im mitteleuropäischen Klima benötigen Gebäude im Winter Heizenergie. Selbst „Passivhäuser" erfordern eine geringe Restheizung von 10 bis 15 kWh/(m^{2}a). Die Menge der benötigten Heizenergie (Bild 4.9), die Länge der Heizperiode und die Nutzungsmöglichkeiten für passivsolare Energiegewinne hängen von der architektonischen und baulichen Qualität des Gebäudes ab. Die Bilder 4.10 und 4.11 zeigen eine heute aktuelle Verteilung der Energieverluste und -gewinne in einem Büroraum. Bild 4.12 zeigt die Verteilung der Energieverbräuche bei Verwaltungsgebäuden im Bestand und das Reduktionspotenzial im Neubau, aufgegliedert in Primär- und Nutzenergie. Bei Verwaltungsgebäuden ist heute in der

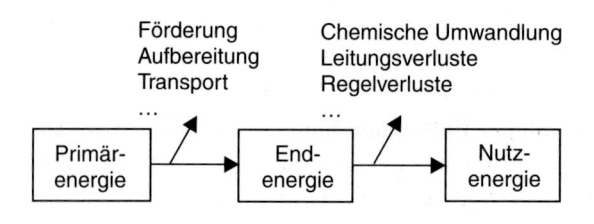

Bild 4.9. Energieflussschema

4.2 Energiesystem Gebäude

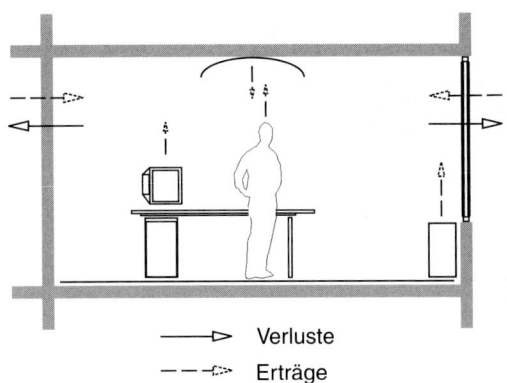

Bild 4.10. Energieflüsse in Büros

→ Verluste
--→ Erträge

Regel weniger der Winterfall als vielmehr die Überhitzung im Sommer die Hauptschwierigkeit. Dem sommerlichen Wärmeschutz und der Vermeidung von unerwünschten Wärmeeinträgen durch große Fensterflächen muss besondere Aufmerksamkeit gewidmet werden. Der energetische Aufwand zur Kühlung von Gebäuden ist erheblich. Alle Prozesse, bei denen ein hoher Strombedarf anfällt, sind primärenergetisch betrachtet besonders ungünstig. Das Ziel von Optimierungen innerhalb der energetischen Prozesskette eines Gebäudes ist zum einen, die Anwendung von Strom möglichst durch fossile oder regenerative Energieträger zu substituieren. Wo dies nicht möglich ist, sollte die energetische Effizienz der Stromverbraucher (Beleuchtung, EDV, Ventilatoren, etc.) möglichst gesteigert werden.

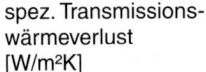

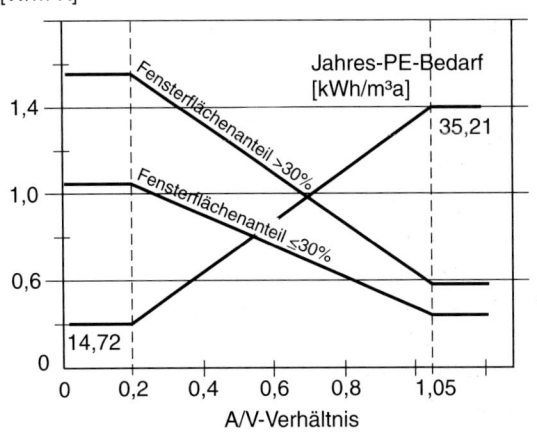

Bild 4.11. Höchstwerte des Jahres-Primärenergiebedarfs und der spezifischen, auf die wärmeübertragende Umfassungsfläche bezogenen Transmissionswärmeverluste in Abhängigkeit von der Kompaktheit A/V für Nichtwohngebäude

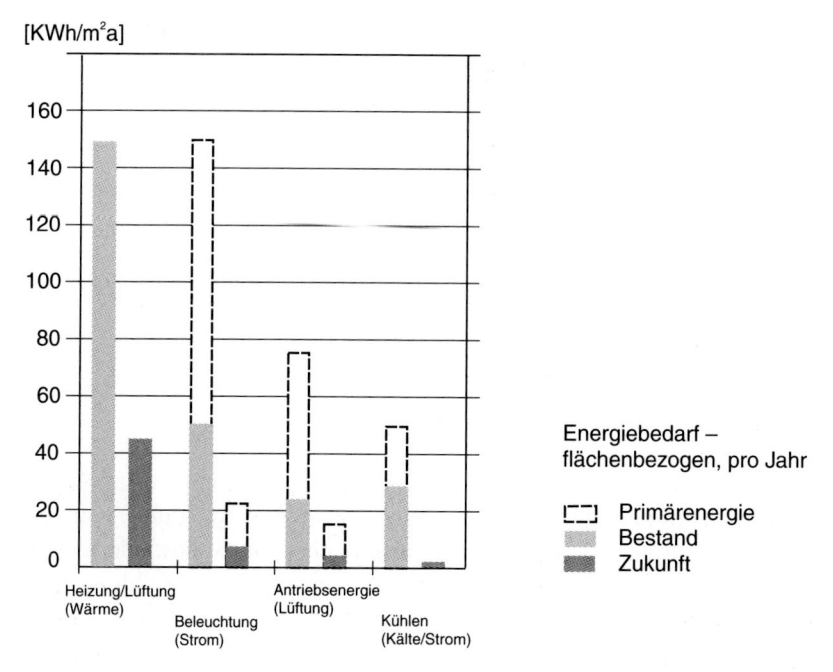

Bild 4.12. Energieverbräuche in Verwaltungsgebäuden, Einsparpotential

4.2.1 Transmissionswärmebedarf

Der Wärmeaustausch zwischen außen und innen findet über Transmission statt. Für die Transmissionswärmeverluste sind die Bauteile relevant, die das beheizte Gebäudevolumen von unbeheizten Räumen und der Außenluft trennen. In Altbauten stellen die Transmissionswärmeverluste in der Regel den größten Anteil an den gesamten Wärmeverlusten. Bis in die siebziger Jahre des 20. Jahrhunderts wurden Außenwände in der Regel monolithisch ohne Dämmung gebaut. Die Fenster waren lediglich mit Ein- oder Zweischeibenverglasung ausgestattet. Die flächendeckende Einführung der Betonbauweise mit minimierten Wandstärken nach dem zweiten Weltkrieg führte zu einer Verschlechterung des Wärmeschutzes. Gebäude dieser Altersstufe machen fast 60 % des Gebäudebestands aus. Seit der Einführung der ersten Wärmeschutzverordnung im Jahr 1977 wurde die Dämmung von Außenwänden kontinuierlich verbessert. Besonders die Glasentwicklung hat seither enorme Verbesserungen des Wärmeschutzes von Fenstern erreicht. Gebäude, die nach der gültigen Energieeinsparverordnung gebaut werden, weisen nur noch ca. 25 % des Heizwärmebedarfs des Gebäudebestandes auf.

4.2 Energiesystem Gebäude

Die Wärmemenge, die das Gebäude über Transmission durch ein Bauteil verliert, lässt sich folgendermaßen berechnen:

$$Q_{\text{Bauteil}} = A_{\text{Bauteil}} \cdot U_{\text{Bauteil}} \cdot T_{\text{mittel}} \cdot \text{Zeit} \; [\text{Wh}]$$

mit

A_{Bauteil} Fläche des Bauteils [m²]

U_{Bauteil} U-Wert des Bauteils [W/m²K]

T_{mittel} mittlere Temperaturdifferenz zwischen innen und außen über die betrachtete Zeit [K]

Zeit   Untersuchungszeitraum (Monat, Heizperiode oder Jahr)

$T_{\text{mittel}} \cdot$ Zeit lässt sich durch die „Heizgradtage" (HGT) ersetzen. Diese fassen den Einfluss der Außentemperatur auf die Wärmeverluste eines Gebäudes während der Heizperiode zusammen. Die Werte sind für verschiedene Standorte unterschiedlich (Bild 4.13).

	Heizgradtage [kd/a]	T_{min}
Hamburg	3837	-10
Berlin	3809	-12
Frankfurt a. M.	3387	-10
München	4046	-16

Bild 4.13. Heizgradtage

Die Unterschiede im Tagesgang und zwischen verschiedenen Jahren sind bei den Heizgradtagen herausgemittelt. Es wird davon ausgegangen, dass oberhalb einer Außentemperatur von 15 °C nicht geheizt wird.

Beim Berechnungsverfahren der EnEV müssen Wärmebrückeneffekte berücksichtigt werden. An Wärmebrücken geht zum einen Energie verloren, zum anderen kann sich auf Grund von niedrigen Oberflächentemperaturen auf der Raumseite Tauwasser bilden, was zu Bauschäden und Schimmelpilzbildung führen kann. Für den wärmebrückenfreien Anschluss von Bauteilen finden sich in der DIN 4108-2 eine Reihe von Musterlösungen. Für den Nachweis der EnEV können Wärmebrücken pauschal mit 0,1 W/(m²K) angesetzt werden. Dieser Wert wird dem U-Wert des Bauteils zugeschlagen. Wird nachgewiesen, dass entsprechend der Musterlösungen gebaut wird, kann der Wert auf 0,05 W/(m²K) reduziert werden. Ferner ist der Einzelnachweis von Wärmebrücken möglich.

4.2.2 Lüftungswärmebedarf

Der Einfluss des Lüftungswärmebedarfs hat sich durch die sinkenden Transmissionswärmeverluste verstärkt. Der Mensch benötigt bei leichter Tätigkeit etwa 20 m³ bis 30 m³ Frischluft pro Stunde. Je nach Nutzung wird ein Luftwechsel zwischen 0,3 h^{-1} (Wohnnutzung – großes Raumvolumen pro Person) und 3,0 h^{-1} (Büronutzung – kleines Raumvolumen pro Person) benötigt, um das vom Nutzer erzeugte CO_2 abzuführen (etwa 19 l/h bis 24 l/h). Der Mindestluftwechsel gibt an, wie oft das Raumluftvolumen pro Stunde durch frische Luft ersetzt werden muss. Neben CO_2 werden Wasserdampf, Geruchs- und Schadstoffe über die Lüftung abgeführt. Je nach Bauweise und Nutzung kann der Mindestluftwechsel auch höher ausfallen.

Erfolgt die Lüftung über Fenster, geht mit der warmen Innenluft ein erheblicher Anteil an Wärme verloren, der über das Heizsystem nachgeheizt werden muss. Bei tiefen Außentemperaturen bietet sich die Stoßlüftung an, da bei kurzzeitigem weiten Öffnen der Fenster die Raumflächen nicht so stark auskühlen wie bei kontinuierlicher reduzierter Lüftung. Bei Gebäuden mit Lüftungsanlagen kann durch Wärmerückgewinnung ein Teil des Lüftungswärmebedarfs eingespart werden.

Der Wärmebedarf für den Luftwechsel wird wie folgt berechnet:

$$Q_{Luft} = V_{Raum} \cdot n \cdot c_{Luft} \cdot T_{mittel} \cdot \text{Zeit [Wh]}$$

mit

V_{Raum} beheiztes Netto-Volumen des Raums [m³]

n mittlere Luftwechselzahl [h^{-1}]

c_{Luft} = 0,33 spezifische Wärmekapazität der Luft [Wh/m³K]

T_{mittel} mittlere Temperaturdifferenz zwischen innen und außen über die betrachtete Zeit [K]

Zeit   Untersuchungszeitraum (Monat, Heizperiode oder Jahr)

Neben dem erwünschten und hygienisch notwendigen Luftwechsel kann es durch schlechte Bauteilanschlüsse und eine undichte Gebäudehülle zu einem erheblichen Luftwechsel durch Fugen kommen. Die EnEV stellt an die Dichtheit von Gebäuden folgende Anforderungen:

Bei einer Druckdifferenz von 50 Pa darf der Fugenluftwechsel bei natürlicher Lüftung höchstens 3,0 h^{-1} und bei mechanischer Lüftung höchstens 1,5 h^{-1} betragen. Erreicht werden diese Werte durch konsequente Umsetzung von dichten Bauteilanschlüssen. Die DIN 4108-7 gibt dafür beispielhafte Lösungen an.

4.2.3 Wärmeerzeuger und -übergabe

Je nachdem, wo der Wärmeerzeuger untergebracht ist, wie die Verteilleitungen verlaufen und wie lang diese sind, treten unter Umständen erhebliche Verteilverluste auf. Grundsätzlich sollten Wärmeerzeuger und -verteilung innerhalb der gedämmten Gebäudehülle untergebracht werden. Die EnEV fordert die Dämmung von Verteilleitungen. Bei Dämmung mit der WLG 0,035 W/(mK) beträgt die Dämmstärke je nach Lage und Rohrdurchmesser 6 mm bis 100 mm. Als Faustwert kann man den Rohrdurchmesser als Dämmstoffstärke ansetzen.

Die Anlagen-Aufwandszahl e_P kennzeichnet die energetische Effizienz der gesamten Energieversorgungskette, von der Ressourcenentnahme aus der Natur bis zur Wärmeübergabe.

Diagrammverfahren

Eine einfache Möglichkeit zur Ermittlung der Anlagen-Aufwandszahl bietet das sog. Diagrammverfahren gem. DIN V 4701-10. Für ausgewählte Anlagensysteme (Heizung, Lüftung und Trinkwarmwasserbereitung) wird die Anlagen-Aufwandszahl in Abhängigkeit von der Gebäudenutzfläche und dem Jahres-Heizwärmebedarf in einem Diagramm und dazugehörigen Tabellenwerten dargestellt (Bild 4.14).

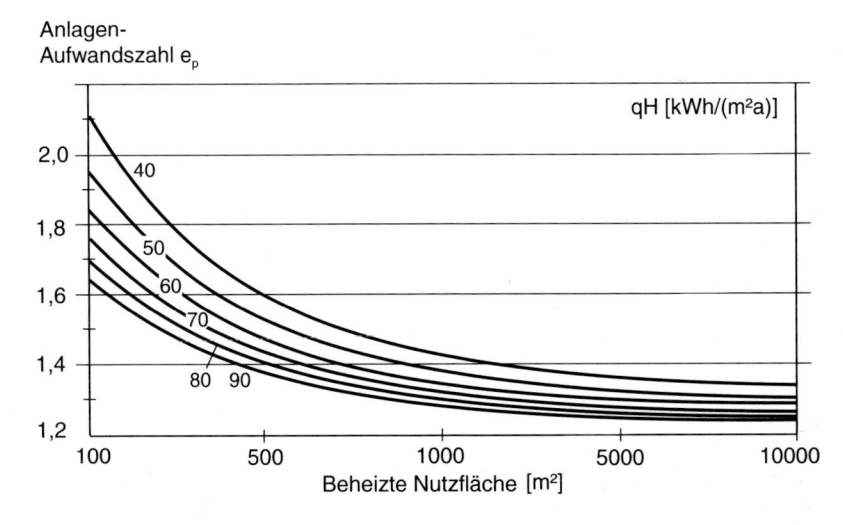

Bild 4.14. Anlagen-Aufwandszahlen in Abhängigkeit vom spezifischen Jahresheizwärmebedarf und der beheizten Nutzfläche; Anlage mit Brennwert-Kessel mit gebäudezentraler Trinkwassererwärmung

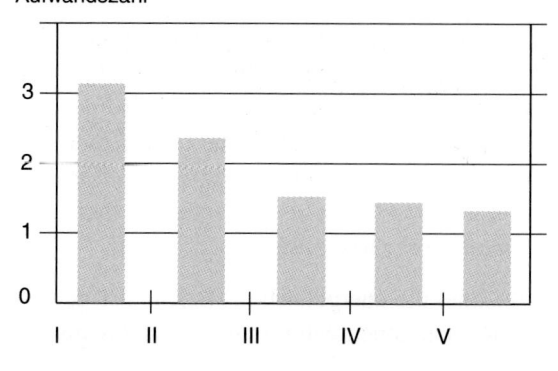

	Heizung	Warmwasser-bereitung	Lüftung
I	Elektro-Direkt-heizung	E-Durchlauf-erhitzer	Fensterlüftung
II	Elektro-Direkt-heizung	E-Durchlauf-erhitzer	mit Wärme-rückgewinnung
III	Niedertemp. Öl-heizung 70/55°C	Speicher	Fensterlüftung
IV	Gas-Brennwert-heizung 70/55°C	Speicher	Fensterlüftung
V	Gas-Brennwert-heizung 70/55°C	Speicher	mit Wärme-rückgewinnung

Bild 4.15. Anlagen-Aufwandszahlen e_p verschiedener Systeme; Gebäude-Nutzfläche $A_N = 195\ m^2$

Tabellenverfahren

Eine rechnerische Bestimmung der Anlagen-Aufwandszahl kann auch über das Tabellenverfahren erfolgen. Die Berechnung erfolgt mit Hilfe der Kenndaten von Standardprodukten gemäß DIN 4701-10 oder aus Datenblättern der Hersteller (Bild 4.15).

Rechenverfahren

Stehen Herstellerdaten zur Verfügung und existieren detaillierte Kenntnisse über die Anlagentechnik (Rohrleitungsführung und -länge), bietet sich für eine genaue rechnerische Ermittlung das detaillierte Rechenverfahren nach DIN 4701-10 an. In der Regel führt die Berechnung zu günstigeren Anlagen-Aufwandszahlen.

Kombination

Es besteht die Möglichkeit, das Tabellenverfahren mit dem Rechenverfahren zu kombinieren. Im Tabellenverfahren können statt der Kenndaten von Standardprodukten Herstellerangaben verwendet werden. Genauso kann beim detaillierten Rechenverfahren auf Daten der Standardprodukte der DIN 4701-10 zurückgegriffen werden, wenn keine Herstellerangaben vorhanden sind.

4.2.4 Interne Wärmegewinne

Bei Bürogebäuden sind die internen Wärmegewinne relativ hoch, sie liegen bei etwa 30 W/m². Bei Wohngebäuden können die typischen internen Lasten von 8 W/m² bis 10 W/m² angesetzt werden. Besonders im Sommer sind hohe interne Wärmelasten unerwünscht. Die internen Wärmelasten sollten also so gering wie möglich gehalten werden. Der Beleuchtung ist aus energetischer Sicht besondere Beachtung zu schenken. Es wird Strom eingesetzt und der Wirkungsgrad bei der Beleuchtung liegt je nach Leuchtmittel zwischen 4 % und 20 %. Der Rest wird als Abwärme freigesetzt, welche im Sommer die Raumtemperaturen erhöht und zusätzliche Kühlenergie erfordern kann. Insofern sollten das Tageslicht weitreichend genutzt, energieoptimierte Beleuchtungskonzepte realisiert und energieeffiziente Leuchtmittel sowie eine Kunstlichtsteuerung eingesetzt werden. Energieeffiziente Bürogeräte tragen ebenfalls zu einer Reduzierung der internen Wärmelasten bei.

4.2.5 Solare Energiegewinne

Der solare Energieeintrag ist abhängig von der Orientierung sowie der Größe und der Qualität der Fenster. Während der Heizperiode können solare Energiegewinne einen gewissen Beitrag zur Beheizung von Gebäuden leisten. Der Gesamtenergiedurchlassgrad g gibt an, wie viel Prozent der Energie der außen auf das Glas auftreffenden Strahlung ins Innere gelangt. Je besser die Dämmwirkung der Verglasung ist,

	U-Wert [W/(m²K)]	g-Wert
Einfachglas	5,8	0,86
2-Scheiben-Isolierglas	2,8	0,76
2-Scheiben-Wärmeschutzglas	1,4	0,59
3-Scheiben-Wärmeschutzglas	0,7	0,41
2-Scheiben-Sonnenschutzglas	1,3	0,3

Bild 4.16. U- und g-Werte unterschiedlicher Verglasungen

umso geringer ist in der Regel der *g*-Wert. Die Wärmebilanz von hochwärmedämmenden Fenstern ist meist positiv, da mehr Wärme im Raum eingefangen wird, als durch Transmission durch das Glas entweicht. Beispielhaft sind in Bild 4.16 einige typische *U*- und *g*-Werte aufgeführt.

Je nach Standort und Ausrichtung der Fensterfläche trifft während der Heizperiode mehr oder weniger Solarstrahlung auf das Fenster (siehe Abschnitt 4.1.2).

Die solaren Strahlungsgewinne durch ein Fenster können nach der folgenden Formel berechnet werden:

$$Q_{Solar} = A_{Fenster} \cdot g_{Fenster} \cdot r \cdot S \; [kWh]$$

mit

$A_{Fenster}$ Fensterfläche [m²]

$g_{Fenster}$ *g*-Wert des Glases [-]

r (= ca. 0,5) Reduktionsfaktor für Rahmenanteile, Verschmutzung, Teilverschattung, etc. [-]

S solare Gesamtstrahlung auf die Fensterflächen im betrachteten Zeitraum, z. B. einer Heizperiode [kWh/m²] in Abhängigkeit der Orientierung

4.2.6 Sommerliches Verhalten

Das sommerliche Verhalten wird bestimmt von den internen Lasten und dem Strahlungseintrag durch die Fassade. Bei Verwaltungsgebäuden stellt die sommerliche Überhitzung mittlerweile das Hauptproblem dar. Bild 4.17 zeigt das Verhältnis von internen Lasten zu solaren Erträgen.

Die internen Lasten sind funktional bedingt und lassen sich in der Regel nicht reduzieren. Der Strahlungseintrag wird bestimmt durch den architektonischen Entwurf (Gebäudeorientierung, Fassadengestaltung), die Konstruktion sowie die Ausbildung der Fassade (Sonnenschutz, Verglasung). Insofern liegt im Gebäudekonzept ein großes Einflusspotential für das sommerliche Verhalten eines Gebäudes. Großflächige Verglasungen sind bei Büroräumen ohne Sonnen- bzw. Blendschutzmaßnahmen nicht zu realisieren. Der Sonnenschutz muss so ausgebildet sein, dass ausreichend Tageslicht in den Raum dringt.

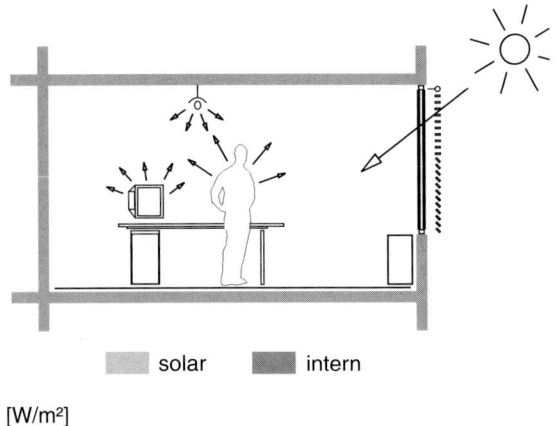

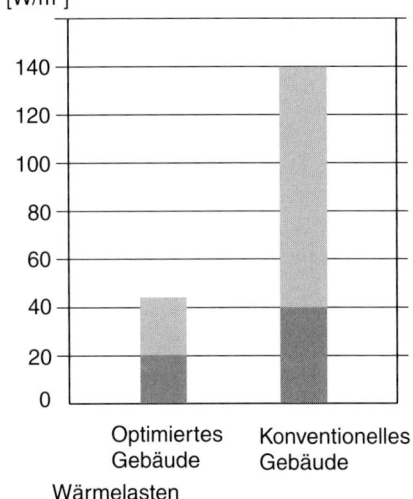

Bild 4.17. Sommerliche Energiebilanz: Zusammensetzung der Wärmegewinne eines Büroraumes aus internen Lasten und solaren Einträgen

4.2.7 Energiebilanz

Aus den ermittelten Werten für die Energieverluste und Energiegewinne eines Gebäudes lässt sich eine Energiebilanz erstellen. Diese kann nach einem Jahresverfahren (eine Heizperiode) oder einem Monatsbilanzverfahren gebildet werden. Alle Wärmeverluste der einzelnen Bauteile sowie Anlagen- und Lüftungsverluste werden den solaren und internen Gewinnen gegenübergestellt. Die Differenz ergibt den erforderlichen Heizwärmebedarf. Auf diese Weise lassen sich die Hauptverursacher von Wärmeverlusten ausmachen und gegebenenfalls optimieren. Bei der monatlichen Bilanz werden Gewinne und Verluste als Monatswerte dargestellt. Auf diese Weise wird der jahreszeitliche Verlauf des Heizwärmebedarfs deutlich. Die Energiebilanz stellt ein einfaches Mittel dar, um zu einer Einschätzung der energetischen Gebäudequalität zu gelangen. Mit der Wärmeschutzverordnung von 1995

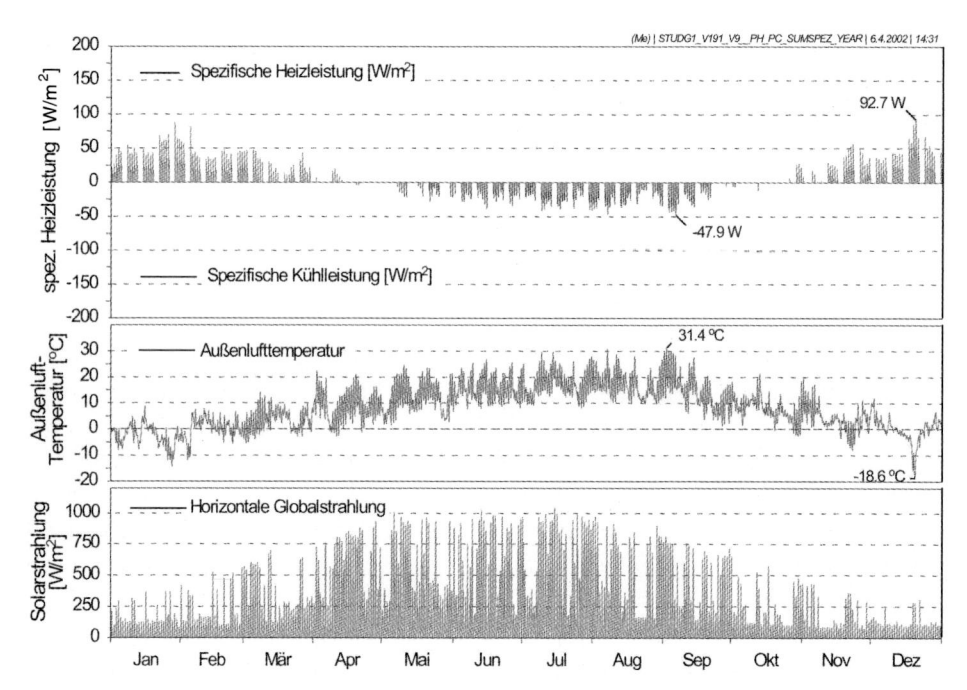

Bild 4.18. Heiz- und Kühlleistung bei einem Fensterflächenanteil von 40 %

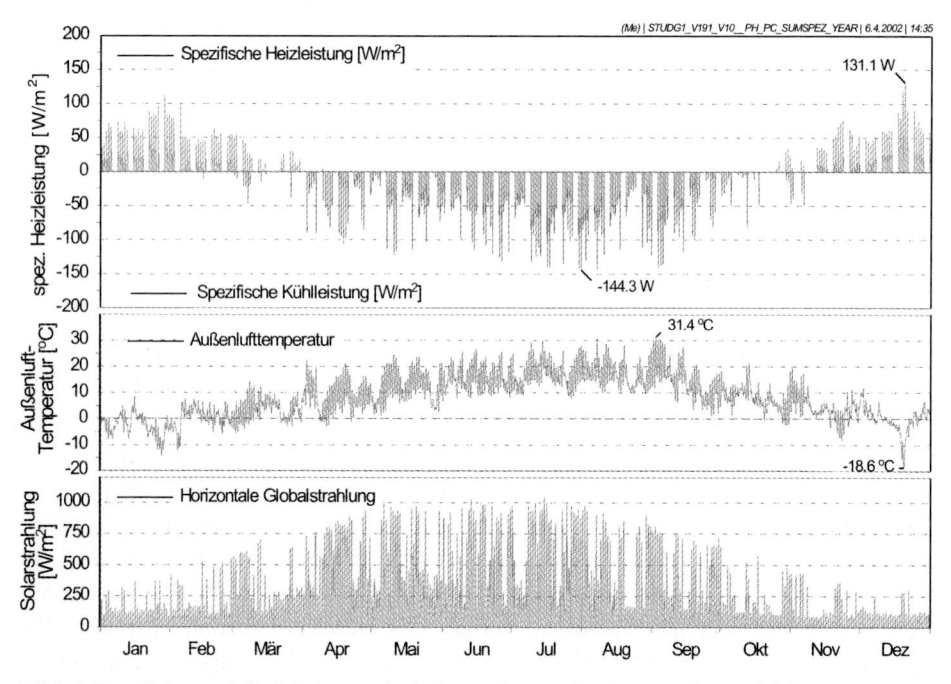

Bild 4.19. Heiz- und Kühlleistung bei einem Fensterflächenanteil von 90 %

wurde bereits ein Energiezertifikat eingeführt, in dem die Rechenwerte für die Heizwärme des Gebäudes aufgeführt werden. Käufer und Mieter können so die Kennwerte verschiedener Gebäude miteinander vergleichen.

4.2.8 Energetische Schwerpunkte

Bei Verwaltungsgebäuden stellt die Fassadenoptimierung ein großes Potenzial zur Reduktion des Energiebedarfs dar. Grundsätzlich steigt die sommerliche Problematik mit der Größe der Fensterflächen. Gleichzeitig steigt die erforderliche Heizleistung. In Bild 4.18 ist der Jahresverlauf der erforderlichen Heiz- und Kühlleistungen für einen Büroraum mit 40 % Fensterfläche dargestellt. Die maximale Kühlleistung liegt unter 50 W/m². Während eines großen Teils des Jahres besteht Kühlbedarf. Die Beheizung beschränkt sich auf wenige Monate im Jahr. Wird der Fensterflächenanteil dagegen auf 90 % erhöht (Bild 4.19), steigt die maximale Kühlleistung auf das Dreifache an. Die erforderliche Heizleistung steigt ebenfalls deutlich. Die maximal erforderliche Kühl- und Heizleistung hat weitergehende Auswirkungen auf das Wärme- bzw. Kälteübergabesystem im Raum und für die Bereitstellungssysteme. Je größer die Leistungsanforderungen sind, umso geringer sind die Möglichkeiten für eine kostensparende Synergienutzung einzelner Systeme (z. B. Thermoaktive Decke). Gleichzeitig steigt die Anforderung an den Energieerzeuger. Bei großen Leistungsanforderungen lassen sich regenerative und passive Systeme kaum noch effizient einsetzen. Die Optimierung des energetischen Gesamtsystems erfordert ein detailliertes Abstimmen der einzelnen Komponenten. Nur so lassen sich die möglichen Einsparpotenziale in der Realität erschließen.

4.3 Energieträger

Zur Sicherstellung der Funktion und zur Schaffung behaglicher Verhältnisse muss bei Gebäuden Energie aufgewandt werden. Der Energiebedarf steht in enger Wechselwirkung mit der Qualität des Gebäudes, das heißt, je besser das Gebäude auf die funktionalen Anforderungen und das Klima abgestimmt ist, desto geringer ist der erforderliche Energieaufwand.

4.3.1 Ressourcen

Die fossilen Energieträger der Erde sind begrenzt. Zu diesen zählen Erdöl, Erdgas und Kohle. Bei der Betrachtung der erschließbaren Mengen muss zwischen den Reserven und den Ressourcen unterschieden werden. Unter Reserven versteht man die derzeit technisch und wirtschaftlich gewinnbare Menge an nichterneuerbaren Energierohstoffen, wohingegen unter Ressourcen die vermuteten und (noch) nicht wirtschaftlich erschließbaren Vorräte an Energieträgern fallen. Die Entwicklung der Reserven ist weniger von Neufunden als vor allem von der Bewertung vorhandener Felder und der Verbesserung der Gewinnungsverfahren abhängig. Die Ressourcen werden im Wesentlichen von der Einschätzung der Lagerstätten bestimmt. Die Bilder 4.20 bis 4.22 zeigen die Entwicklung von Reserven und Ressourcen der wichtigsten nichterneuerbaren Energierohstoffe von 1993 bis 1997.

Energieträger	1993		1997	
	Reserven	Ressourcen	Reserven	Ressourcen
Erdöl [Mrd. t]	136	76	151	76
Erdgas [Bill. Nm^3]	147	222	153	226
Kohle [Mrd. t SKE]	566	7.044	558	6.110

Bild 4.20. Entwicklung von Reserven und Ressourcen fossiler Energieträger

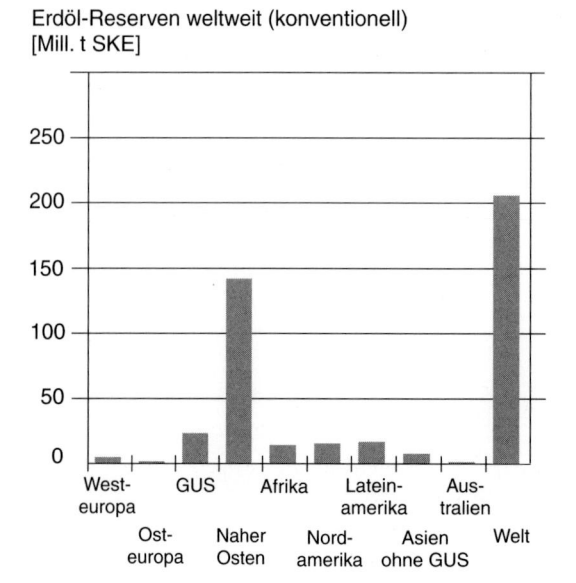

Bild 4.21. Erdölreserven

4.3 Energieträger

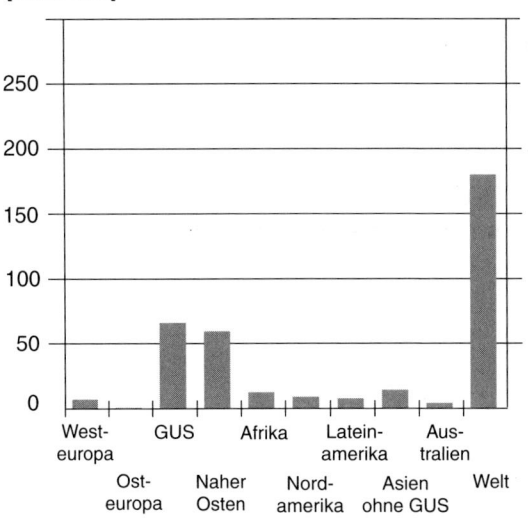

Erdgas-Reserven weltweit (konventionell)
[Mill. t SKE]

Bild 4.22. Erdgasreserven

4.3.2 Primärenergie – Endenergie

Die natürlich vorkommenden Energieressourcen bezeichnet man als Primärenergieträger. Neben den fossilen Brennstoffen Kohle, Erdöl und Erdgas sind Kernbrennstoffe (Uran, Thorium) und die regenerativen Energiequellen Sonne, Wind, Wasser, Erdwärme und Biomasse Primärenergieträger. Je nach Förderungs- und Umwandlungsprozess wird pro Primärenergieeinheit eine bestimmte Menge Sekundärenergie erzeugt. Sekundärenergieträger sind beispielsweise Kohleprodukte (Koks, Briketts), Erdölprodukte (Heizöl, Benzin) oder Gasprodukte (Stadtgas, Raffineriegas) und Strom. Für den Gebäudebetrieb werden in der Regel diese Sekundärenergieträger genutzt. Diese Energiemenge bezeichnet man auch als Endenergie.

Limitierender Faktor der EnEV ist der Jahres-Primärenergiebedarf in Abhängigkeit vom A/V- Verhältnis, der Gebäudenutzung und der Warmwasserbereitung. Die Berechnung erfolgt nach der Formel:

$Q_P \quad = (Q_h + Q_w) \cdot e_P \text{ [kWh/a]}$

mit

Q_h Jahresheizwärmebedarf [kWh/a]

Q_w Zuschlag für Warmwasser nach DIN V 4701-10 (12,5 kWh/(m²a) bei Wohngebäuden), entfällt bei Nicht-Wohngebäuden

e_P Anlagenaufwandszahl nach DIN V 4701-10

4.3.3 Nutzenergie

Die Nutzenergie ist die Energiemenge, die tatsächlich zur Verfügung gestellt werden muss. Die Differenz zwischen Endenergie und Nutzenergie ergibt sich durch Anlagen-, Verteil- und Übergabeverluste. Eine wichtige und oft unterschätzte Komponente der Nutzenergie ist die Antriebsenergie.

Um Wärme oder Kälte von zentralen Erzeugern zu den Räumen zu bringen sowie um Räume mechanisch zu lüften, ist Antriebsenergie erforderlich. Der Energietransport kann mit Wasser oder Luft erfolgen. Wassergeführten Systemen wie Thermoaktiven Decken oder Kühldecken ist aufgrund der ca. 3500 mal höheren Energiedichte von Wasser und dem damit wesentlich geringeren Antriebsenergiebedarf der Vorzug zu geben. Luftgeführte Heiz- oder Kühlsysteme sollten nur dort eingesetzt werden, wo die erforderlichen Energiemengen so gering sind, dass die zum Lüften hygienisch erforderliche Luftmenge zum Energiegewinn ausreicht. Um die Energie für den Lüftungsantrieb zu minimieren, sollten die Kanalquerschnitte möglichst groß und widerstandsarm ausgeführt sein. Eine weitere Maßnahme könnte die Luftführung durch das Gebäude, z. B. ein Atrium, sein.

4.3.4 Umwandlungsprozesse, -verluste

Innerhalb der energetischen Prozesskette sind Verluste unumgänglich. Sie setzen sich zusammen aus primärenergetischen Entnahme-, Transport-, Umwandlungsverlusten zur Bereitstellung als Endenergie (Heizöl, Gas, Strom, Holz, Kohle, Fernwärme usw.). Sie werden durch den Primärenergiefaktor quantifiziert. Beim Vergleich von verschiedenen Energieträgern ist es sinnvoll, den erforderlichen Primärenergieeinsatz zu berücksichtigen. Bild 4.23 gibt einen Überblick über die verschiedenen Primärenergiefaktoren üblicher Energieträger.

Im Bereich des Gebäudes kommen die technischen Verluste des Heizsystems hinzu: Erzeugungsverluste Q_g (Aufstellort, Gerätetechnik, Kessel), Speicherverluste Q_s (Aufstellort, Speicherdämmung), Verteilverluste Q_d (Rohrleitungsführung und -dämmung, Temperatur des Heizmediums) sowie Übergabeverluste im Raum Q_{ce} (Heizflächenanordnung, Regelung).

Energieträger	PE-Faktor
Heizöl	1,15
Erdgas	1,10
Flüssiggas	1,10
Strom (Kraftwerk)	3,00
Brennholz	1,05
Wasserstoff	1,20

Bild 4.23. Primärenergiefaktoren von Energieträgern

Außerdem sind noch die Verlustanteile für Lüftung und die Verlustanteile für die Trinkwarmwasserbereitung zu nennen.

Die Verluste sind geringer, wenn die Komponenten gut aufeinander abgestimmt sind.

4.3.5 Regenerative Energieträger

Die erneuerbaren Energieträger Wasserkraft, Windenergie, Biomasse und Sonnenenergie liefern derzeit in Deutschland mit einem Anteil von etwas mehr als 2 % insgesamt nur einen kleinen Beitrag. Im Jahr 2000 wurden etwa 6,2 % des verbrauchten Stroms aus erneuerbaren Energiequellen erzeugt. Die Stromerzeugung aus Windkraft ist seit 1990 auf mehr als das Zweihundertfache gestiegen. Gleichzeitig hat sich die Leistungsfähigkeit der Anlagen (heute üblicherweise Anlagen der MW-Klasse) deutlich gesteigert. Bei einer Generatorenleistung von 1,5 MW kann eine Anlage pro Jahr etwa 3,5 Mio. kWh Strom erzeugen. Dies entspricht etwa dem Bedarf von 1000 Haushalten. Den größten Anteil an den erneuerbaren Energiequellen zur Stromerzeugung stellt die Wasserkraft dar, den geringsten Anteil die Photovoltaik.

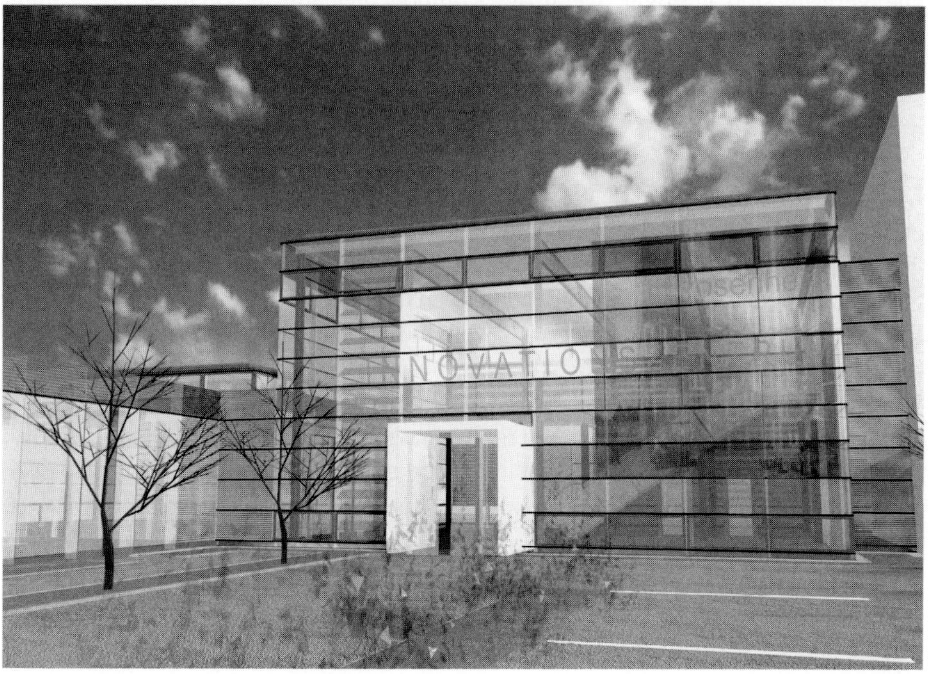

5 Gebäudehülle

Die Fassade eines Gebäudes bildet die Schnittstelle zwischen der Umwelt und dem Nutzer im Inneren des Gebäudes. Sie erfüllt viele bauphysikalische Anforderungen wie Witterungs- und Schallschutz und wirkt als Filter zwischen innen und außen. Je besser eine Fassade bei einem gegebenen Außenklima ein gewünschtes Innenklima gewährleisten kann, umso geringer ist der Aufwand an Energie und Gebäudetechnik. Anforderungen an moderne Gebäudehüllen sind sommerlicher und winterlicher Wärmeschutz, Tageslichteintrag, Blendschutz, Lüftungsmöglichkeit und Kontakt zur Außenwelt. Die Fassade funktioniert als ganzheitliches System und muss auf alle Anforderungen abgestimmt sein, damit sich diese in ihrer Wirkungsweise nicht ungünstig beeinflussen. Bei der Entwicklung innovativer Fassadenkonzepte ist die architektonische Qualität mit energetischen Einsparpotentialen und raumklimatischen Aspekten in Einklang zu bringen.

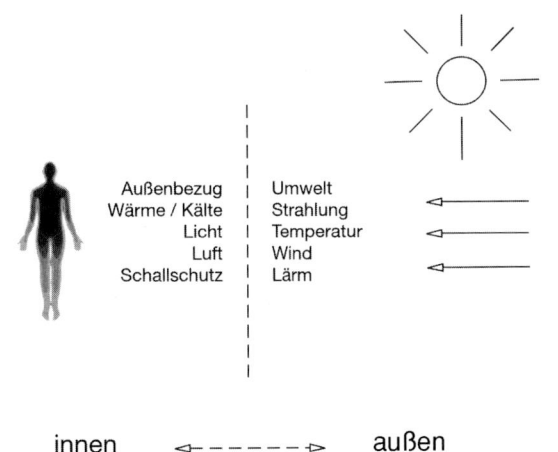

Bild 5.1. Fassade als Schnittstelle zwischen Umwelt und Nutzer

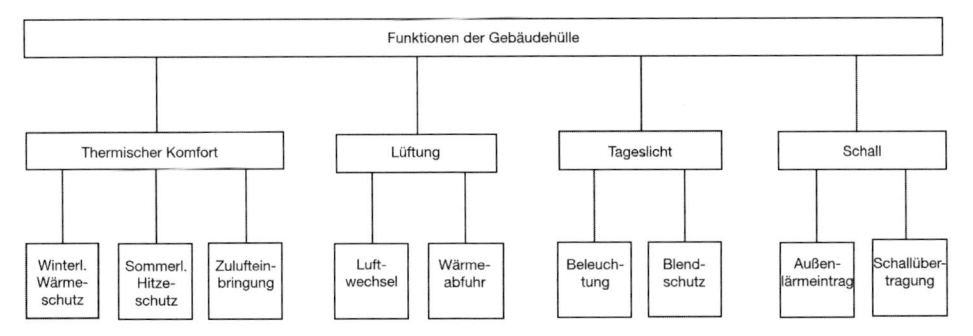

Bild 5.2. Funktionen der Gebäudehülle

5.1 Thermische Funktionen der Fassade

5.1.1 Winterlicher Wärmeschutz

Die Energiebilanz der Gebäude hat sich in den letzten Jahren entscheidend verändert. Der Einsatz von Materialien mit niedrigen U-Werten und erhöhte Dämmstoffstärken reduzieren die Transmissionswärmeverluste erheblich. Im Gebäudeinneren bewirken Computerarbeitsplätze und eine hohe Belegungsdichte erhebliche interne Wärmegewinne. Ein großer Anteil der Heizwärme wird benötigt, um die Lüftungswärmeverluste auszugleichen.

5.1.2 Sommerlicher Überhitzungsschutz

Bei repräsentativen Gebäuden mit hohem Verglasungsanteil tritt das Problem der sommerlichen Behaglichkeit in den Sommermonaten und in der Übergangszeit auf. Um Überhitzungen zu vermeiden, muss eine transparente Fassade Schutz vor erhöhtem Wärmeeintrag und direkter Sonneneinstrahlung bieten. Solare Energiegewinne, wie sie im Winter durchaus erwünscht sind, bewirken im Sommer einen hohen Energiebedarf zur Kühlung. Die solare Einstrahlung ist abhängig von der Orientierung und dem Energiedurchlass der Fassade. Die Intensität der Strahlung schwankt mit der Tages- und Jahreszeit sowie der Trübung der Atmosphäre. Die Konstruktion der Gebäudehülle hat den ausschlaggebenden Einfluss auf den Strahlungseintrag. Der Fensterflächenanteil, der Gesamtenergiedurchlassgrad der Verglasung und der Abminderungsfaktor des Sonnenschutzes wirken sich auf den Temperaturverlauf im Rauminneren aus. Ein weiteres Kriterium ist die Speicherfähigkeit der massiven, opaken Fassadenbauteile und der dahinterliegenden Gebäudekonstruktion.

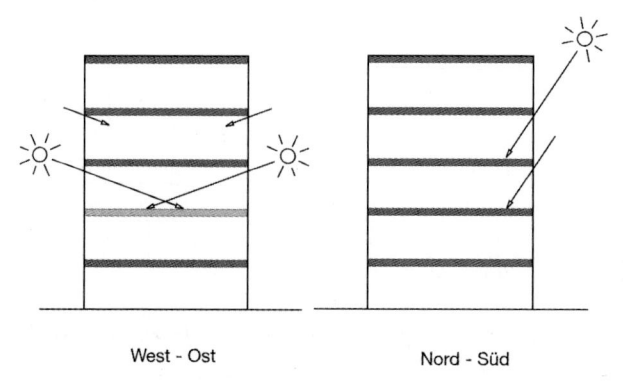

Bild 5.3. Einfluss der Fassadenorientierung auf den solaren Strahlungseintrag

West - Ost   Nord - Süd

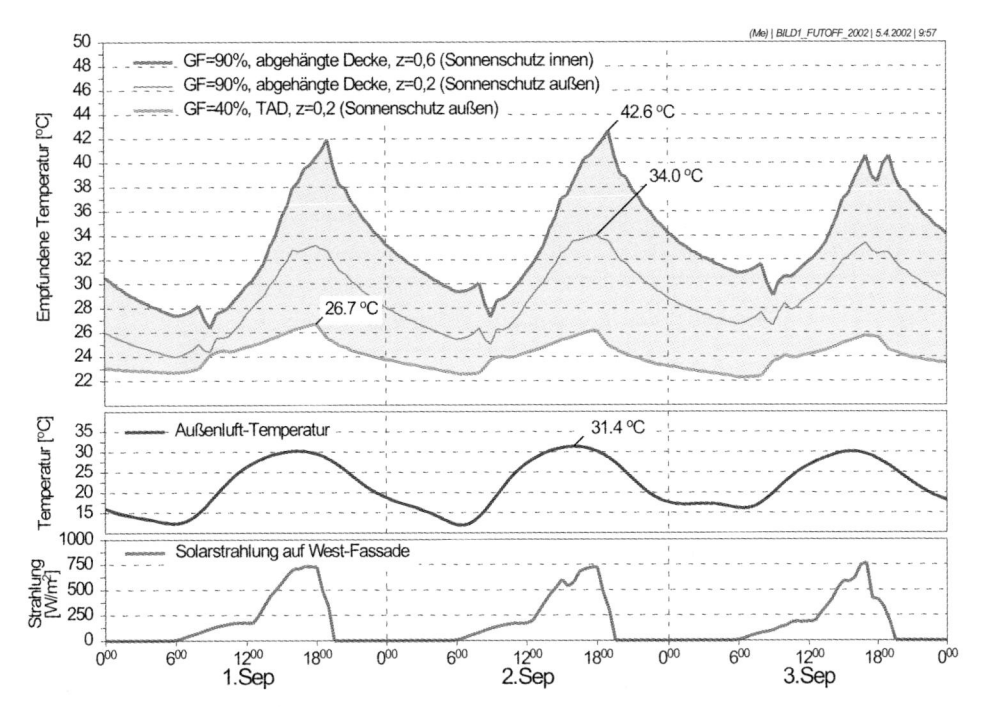

Bild 5.4. Einfluss der Fassade auf das Raumklima

5.1.3 Gebäudemasse und Nachtauskühlung

Die Gebäudemasse hat einen erheblichen Einfluss auf die Innenraumtemperatur. Man unterscheidet Raumumschließungsflächen nach ihrer flächenbezogenen Masse in sehr leicht speichernd (< 200 kg/m^2) bis schwer speichernd (> 600 kg/m^2). Die bessere Speicherwirkung einer schweren Bauart wirkt sich positiv auf den Tagestemperaturverlauf aus. Die Aufheizung des Raumes verzögert sich und die Temperaturspitze wird erst in den späten Nachmittags- bzw. Abendstunden erreicht, wenn die Hauptnutzzeit des Gebäudes vorbei ist. Um die Speicherfähigkeit des Gebäudes zu nutzen, ist es wichtig, dass die Speichermassen freiliegen und in der Nacht wieder entladen werden, z. B. durch Nachtlüftung. Die Öffnungen für die Nachtauskühlung müssen einbruchs- und witterungsgeschützt ausgeführt sein.

5.2 Visuelle Funktion der Fassade

Die Veränderungen der Arbeitswelt, insbesondere der vermehrte Einsatz von Bildschirmen, bringen veränderte Anforderungen an die Tageslichtnutzung mit sich. Untersuchungen haben ergeben, dass eine verbesserte Tageslichtversorgung großen

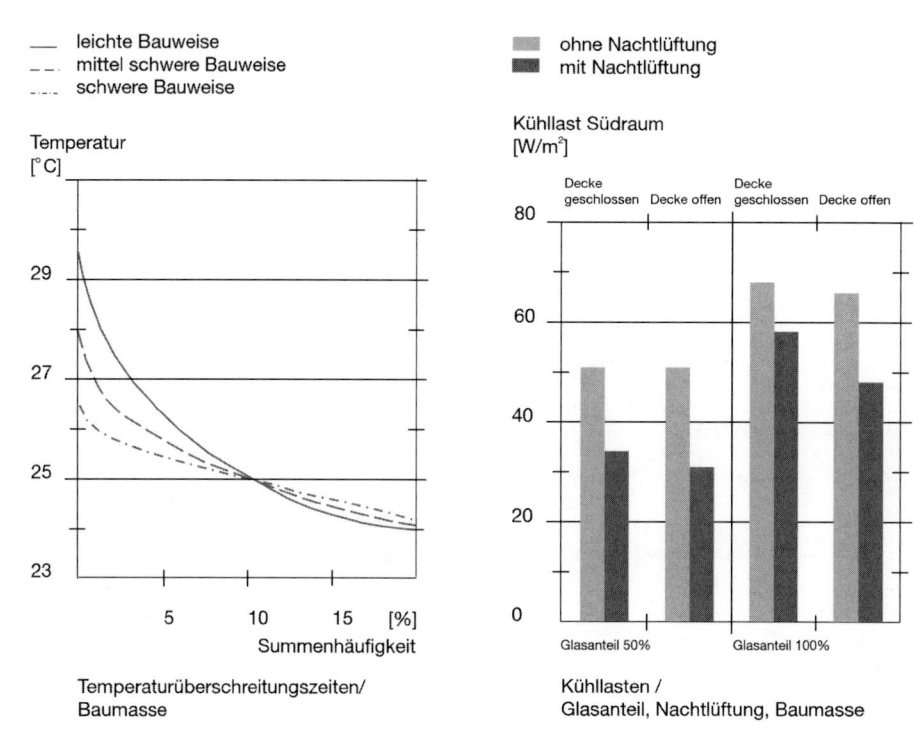

Bild 5.5. Temperaturüberschreitungszeiten bei Gebäuden verschiedener Schwere

Bild 5.6. Kühllasten, abhängig von Glasanteil, Nachtlüftung und Speichermasse

Einfluss auf die Leistungsfähigkeit und das Wohlbefinden der Nutzer mit sich bringt, wodurch die „Produktivität" steigt.

Auch der Energiebedarf des Gebäudes für Beleuchtung und Kühlung wird bei sorgfältiger Planung des Lichtsystems maßgeblich reduziert. Energetisch ist das Tageslicht aufgrund der Stromeinsparung vorteilhaft und der Wärmeeintrag ist bei identischer Lichtausbeute bis zu zehnmal niedriger als bei Kunstlicht.

5.2.1 Tageslichtangebot

Eine gute Tageslichtplanung muss sich frühzeitig, schon bei der Festlegung von Orientierung und Baukörperform, mit den örtlichen Strahlungsverhältnissen befassen. Himmelsrichtungen und bestehende Verbauung sind zu berücksichtigen. Lage und Größe von Fensteröffnungen, Verglasung und Sonnenschutz gehen einher mit Fragen der Raumgeometrie und Raumorganisation.

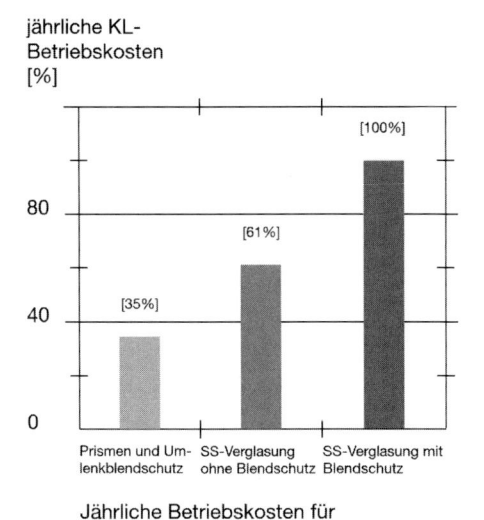

5.2 Visuelle Funktion der Fassade

Bild 5.7. Energiebilanz hinsichtlich Abschaltzeiten des Kunstlichts bei verschiedenen Sonnen- und Blendschutzsystemen

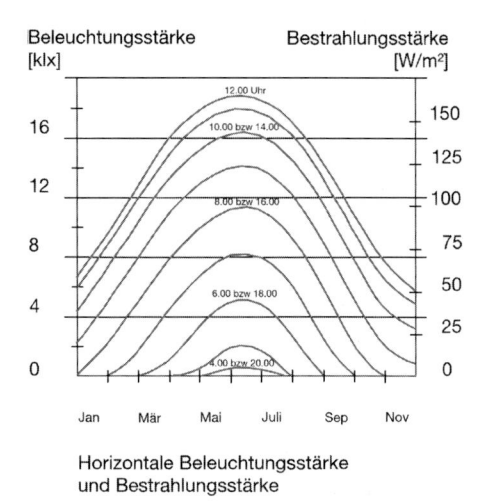

Bild 5.8. Horizontale Beleuchtungsstärke E_a und horizontale Betrahlungsstärke E_e bei bedecktem Himmel für 51° nördlicher Breite in Abhängigkeit von Jahres- und Tageszeit

Das Tageslichtangebot ist in Mitteleuropa durch große saisonale Unterschiede im Beleuchtungsniveau geprägt. Außerdem ist es täglichen sowie witterungsbedingten Schwankungen unterworfen. Die tageslichtbedingte Beleuchtungsstärke in Innenräumen ist direkt proportional zur Außenbeleuchtungsstärke.

Der Tageslichtquotient stellt die Beleuchtungsstärke an einem bestimmten Punkt im Raum bei gegebener Außenbeleuchtungsstärke dar. Normen und Richtlinien stellen Mindestanforderungen für Tageslichtquotienten in Abhängigkeit von der Raumnutzung. Der typische Verlauf des Tageslichtqoutienten verdeutlicht die Grenze für Tageslichtnutzung über Seitenfenster bei ca. 6 m Raumtiefe.

Tabelle 5.1. Raumbeleuchtungsstärke in Abhängigkeit von Außenhelligkeit und Tageslichtquotient.

Himmel	Beleuchtungsstärke außen	Beleuchtungsstärke im Raum bei Tageslichtquotient	
		$D = 1\%$	$D = 5\%$
Bedeckt	10 000 Lux	100 Lux	500 Lux
Klar	50 000 Lux	500 Lux	2500 Lux

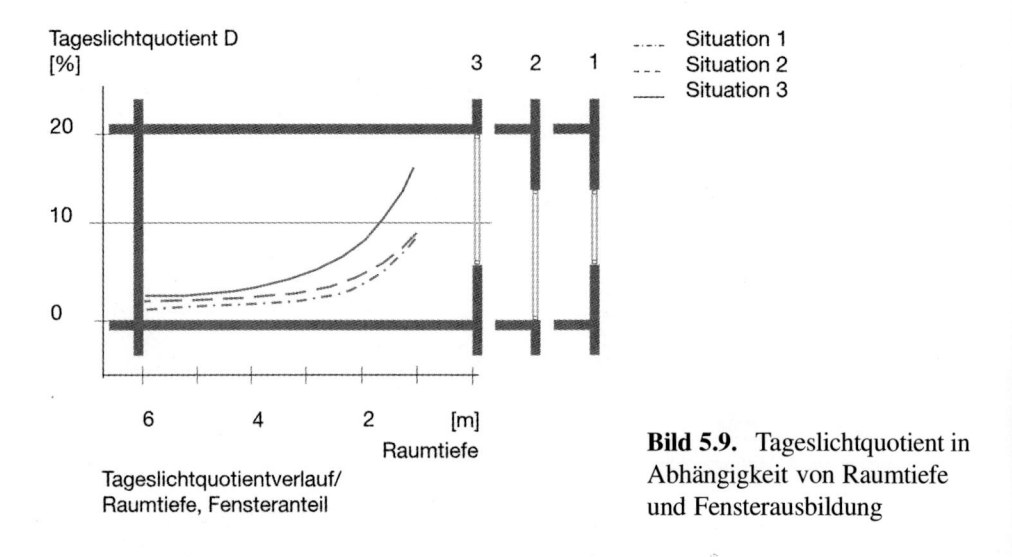

Bild 5.9. Tageslichtquotient in Abhängigkeit von Raumtiefe und Fensterausbildung

Für eine flexible Nutzung ist eine Optimierung der Tagesbeleuchtung in der Raumtiefe erstrebenswert. Dies ist nur durch eine gleichmäßigere Ausleuchtung zu erreichen. Dazu ist es notwendig, eine möglichst große Strahlungsmenge tief in den Raum umzulenken. Dadurch ändert sich der Verlauf des Tageslichtquotienten. Die Verlaufskurve wird flacher, d. h. die Tagesbeleuchtung in Fensternähe verringert sich zugunsten einer verbesserten Beleuchtung in der Raumtiefe.

Durch Tageslichtlenkung soll die Richtung und die Intensität des Sonnenlichts beeinflusst und die Dynamik des Tageslichts auf ein behagliches Niveau eingeschränkt werden.

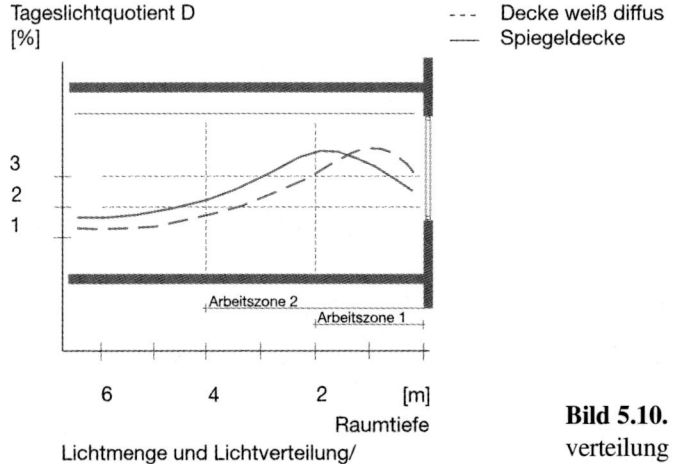

Bild 5.10. Lichtmenge und Lichtverteilung mit Umlenklamellen bei spiegelnder und diffuser Decke

5.2.2 Tageslichtsysteme

Gerade im Verwaltungsbau sind der Tageslichtnutzung bestimmte Grenzen gesetzt. Mit dem Einsatz von Computern an beinahe jedem Arbeitsplatz entstehen neue Anforderungen. Durch geeignete Tageslichtlenksysteme sollen störende Reflexionen und Blendung minimiert und gleichzeitig eine ausreichende Beleuchtung auch für größere Raumtiefen garantiert werden. Hierbei dürfen Tageslichtsysteme und Sonnenschutzvorrichtungen in der Fassade eine gute Durchsicht von innen nach außen nicht beeinträchtigen. Die Tageslichtnutzung soll zur Verringerung des Strombedarfs beitragen und eine Reduzierung von Kühllasten durch verminderten Einsatz von Kunstlicht bewirken.

Optische Reflektorsysteme

Optische Reflektorsysteme nutzen das Prinzip Einfallswinkel gleich Ausfallswinkel. Zu den optischen Reflektorsystemen zählen alle Arten von Lichtlenkjalousien, Lichtschaufeln, Heliostaten etc.

Mit einfachen Spiegeljalousien kann schon eine relativ gute Lichtlenkung in den Innenraum erreicht werden. Um Blendung zu vermeiden, müssen die Lamellen jedoch oft in eine steilere Position gedreht werden. Das führt zur Verdunkelung der Räume. Obwohl im Außenraum genügend Tageslicht vorhanden ist, muss im Innenraum gegebenenfalls Kunstlicht zugeschaltet werden. Außerdem ist der visuelle Kontakt mit der Außenwelt gestört. Um die Blendwirkung im Fensterbereich zu vermeiden, werden die Lamellenunterseiten häufig dunkel gefärbt.

Bei zweigeteilten Jalousien dient der obere Behang im Oberlichtbereich der Lichtlenkung in die Raumtiefe. Die Lamellen des unteren Behangs wirken als Sonnenschutz. Der Brüstungsbereich hat keine tageslichttechnische Relevanz und kann der Durchsicht dienen.

Lichtschwerter

Lichtschwerter dienen der Direktlichtlenkung und der gleichmäßigen Raumausleuchtung. Lichtschwerter werden außen in der oberen Zone der Fassade angebracht und behindern so nicht den Sichtkontakt nach außen. Dieses Lichtsystem ist starr und kann nicht nachgeführt werden. Auf der Südseite wirken sie als feststehende Verschattung für das Sommerhalbjahr.

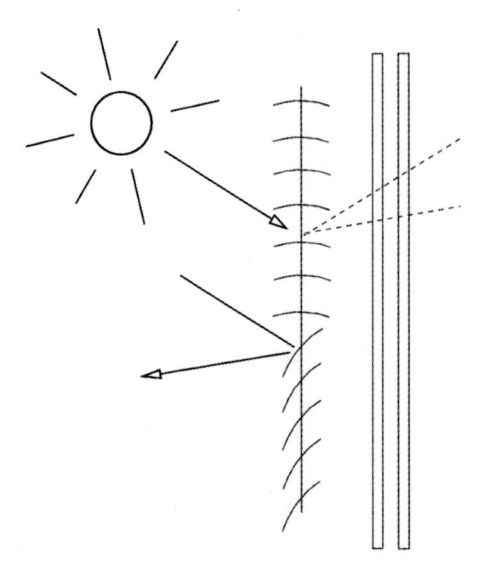

Bild 5.11. Funktionsprinzip Lichtlenkjalousien

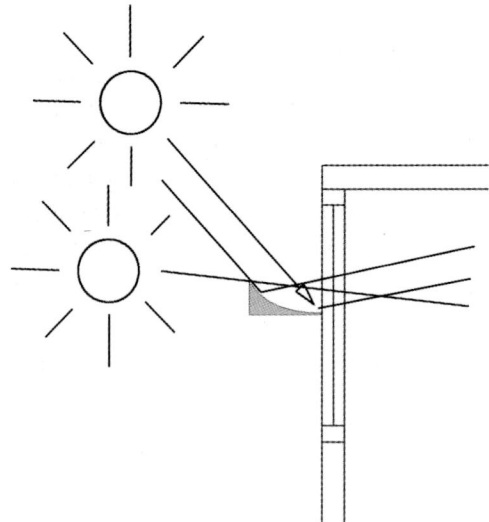

Bild 5.12. Funktionsprinzip Lichtschwert

Prismatische Systeme

Prismatische Systeme dienen sowohl dem selektiven Sonnenschutz durch Retroreflexion nach Außen, als auch der Lichtumlenkung in den Innenraum. Prismenplatten können vor der Fassade, bei Doppelfassaden im Fassadenzwischenraum, im Scheibenzwischenraum oder im Innenraum angebracht werden. Die Lichttransmission zum Innenraum wird kaum beeinträchtigt, sie liegt bei 80–90 % des ursprünglichen Werts. Prismensysteme wirken transluzent. Im Scheibenzwischenraum angeordnete Systeme müssen nicht gewartet werden.

Bild 5.13. Funktionsprinzip Prismenplatte

Holographische Systeme

Holographisch optische Elemente (HOE) sind dreidimensionale Beugungsgitter, die als dünne Filme in Verbundglas eingebettet werden können. Das einfallende Tageslicht kann in eine bestimmte Richtung abgelenkt werden. Die Art der Beugung ist abhängig vom Einfallswinkel und der Wellenlänge des Lichts. Mit holographisch optischen Elementen können ähnliche Effekte erzeugt werden wie mit Gittern oder Linsen. Die Hologrammtechnik ermöglicht es, sie in dünnen Schichten herzustellen. Holographisch optische Elemente können in verschiedenen Bereichen eingesetzt werden:

zur Verbesserung der Tageslichtbeleuchtung durch Umlenkung von Sonnenlicht in die Raumtiefe und zur richtungsselektiven Verschattung von Räumen gegenüber direkter Sonneneinstrahlung.

Anordnung von Lichtlenksystemen

In der Fassade sind verschiedene Einbaupositionen möglich. Die Tageslichtlenkelemente können außen vor der Fassade, im Isolierglas, bei Doppelfassaden im Raum zwischen Außen- und Innenfassade oder im Innenraum angebracht werden. Die tageslichtlenkenden Systeme unterscheiden sich in statische und nachgeführte Systeme. Bewegliche, nachführbare Systeme werden durch Programme gesteuert bzw. geregelt. Einachsige, z.B. Lichtlenkjalousien, aber auch zweiachsige Systeme, z.B. Heliostaten, werden dem Sonnenstand nachgeführt, um eine optimale Lichtlenkung zu gewährleisten. Wegfahrbare Systeme, z.B. raffbare Lichtlenkjalousien, können, wenn sie nicht benötigt werden, durch einen Antrieb oder auch manuell eingefahren werden.

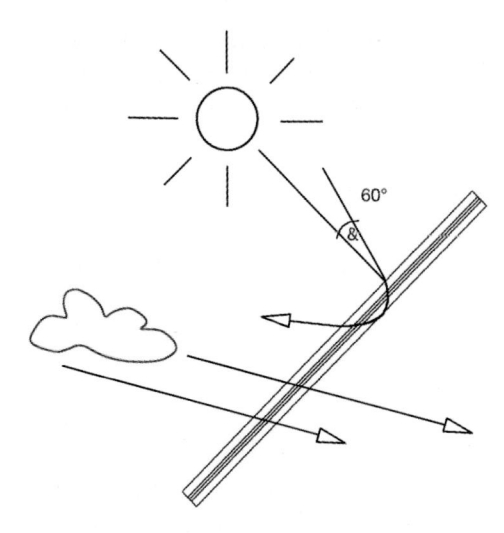

Bild 5.14. Funktionsprinzip eines holographisch-optischen Elements

5.3 Natürliche Lüftung

Der Wunsch nach natürlicher Belüftung in Bürogebäuden ist in den letzten Jahren besonders deutlich geworden. Psychologische Untersuchungen haben ähnlich wie bei der Belichtung durch Tageslicht ergeben, dass die Behaglichkeit und das Wohlbefinden der Nutzer steigt, wenn sie einen direkten Kontakt nach Außen haben und den Klimaeinfluss spüren können. Sie sind nicht mehr den absolut stabilen Raumtemperaturen ausgeliefert, wie sie durch mechanische Lüftungsanlagen erzeugt werden, und haben selber Einfluss auf ihr individuelles Raumklima. Sind außergewöhnliche Arbeitsplatzanforderungen, die eine Klimatisierung der Räume erfordern, nicht gegeben, steigt bei der Fensterlüftung die Nutzerfreundlichkeit und somit die Attraktivität des Gebäudes.

Der natürlichen Lüftung sind jedoch Grenzen gesetzt. Eine Vielzahl an Faktoren beeinflusst die freie Fensterlüftung. Windanfall und Häufigkeit von Windstillen am Gebäudestandort, die Gebäude- und Raumgeometrie sowie die Lärmbelastung und Luftverschmutzung der Umgebung sind für die Planung des Lüftungskonzepts entscheidend. Zudem ist die Lüftung über die Fenster oftmals mit Behaglichkeitseinbußen wie Zugerscheinungen im Winter verbunden.

5.4 Schall

Die Lärmbelastung hat aufgrund des zunehmenden Verkehrs in den letzten Jahrzehnten ständig zugenommen. Sie führt zu erhöhter Stressbelastung, die die Gesundheit beeinträchtigen kann. Deshalb ist ein guter Schallschutz ein wichtiger Aspekt bei der Gebäudeplanung geworden, vor allem vor dem Hintergrund der zunehmend gewünschten natürlichen Lüftung. Eine Doppelfassade kann den Schallschutz erheblich verbessern und gleichzeitig öffenbare Fenster ermöglichen. Eine weitere Möglichkeit sind schallgedämmte Zuluftelemente.

Ein zusätzlicher Aspekt ist die Schallübertragung von Raum zu Raum, insbesondere bei Doppelfassaden. Ist eine hohe Vertraulichkeit gewünscht, so muss schallabsorbierendes Material im Brüstungsbereich eingebracht oder eine Kastenfensterfassade realisiert werden.

5.5 Fassadenkonzepte

Das Fassadenkonzept ist abhängig von der Gebäudegröße, insbesondere der Höhe, der Nutzung und dem Standort. Die Einflussfaktoren sind hierbei der Windanfall, Lärm, Emissionen, interne Lasten, Art der Lüftung. Weiterhin sind architektonische und städtebauliche Anforderungen sowie das menschliche Wohlbefinden ausschlaggebend. Der Einsatz von Tageslicht, natürliche Lüftung und der individuelle Nutzereinfluss sind mittlerweile Standardkriterien geworden. Ökonomische Aspekte müssen ebenfalls in die Planung einfließen. Besondere Berücksichtigung finden dabei Synergie- und Substitutionseffekte.

Je nach Planungsaufgabe sind verschiedene Fassadenkonzepte sinnvoll. Eine grundlegende Fassadentypologisierung besteht in der Unterteilung in ein- und mehrschalige Konstruktionen.

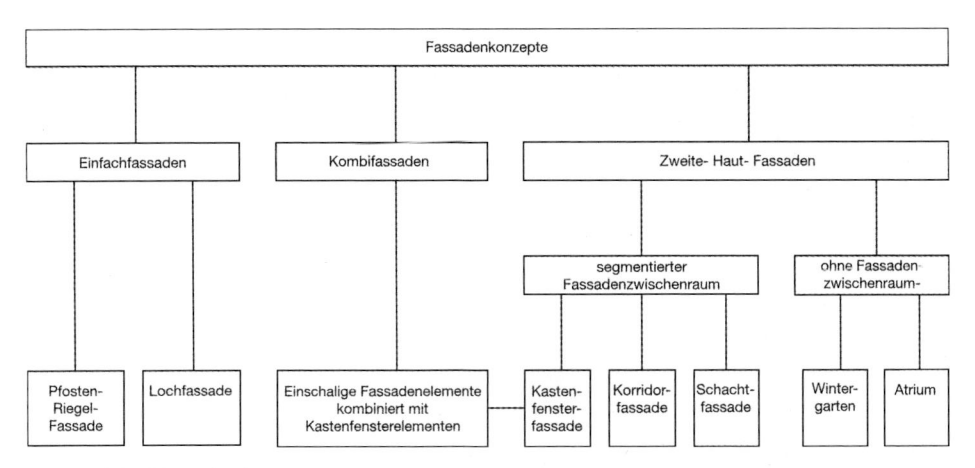

Bild 5.15. Fassadenkonzepte

5.5.1 Einschalige Fassaden

Einschalige Fassaden sind gekennzeichnet durch eine nebeneinanderliegende Anordnung der einzelnen Funktionselemente. Ein Beispiel hierfür sind Lochfassaden, die im einfachsten Fall aus Fenstern und opaken Flächen bestehen, jedoch auch mit einer Vielzahl von Funktionselementen ausgestattet sein können. Die Funktionselemente wie Lüftungsklappe, Energiegewinnung, Lichtlenkung sind überwiegend parallel angeordnet. So kann jedes Funktionselement unabhängig von den anderen Elementen für seine jeweilige Funktion optimal ausgelegt werden. Der geringere Fensterflächenanteil wirkt sich positiv auf das Raumklima aus.

Weitere Konstruktionsformen sind die Pfosten-Riegelkonstruktion, in deren Felder unterschiedliche Elemente gesetzt werden können.

5.5.2 Beispiel einer einschaligen Fassade

Die Einfachfassade des Low Energy Office in Köln besteht aus mehreren Funktionsflächen. Aus transparenten und opaken Bauteilen, die nebeneinanderliegend angeordnet sind. Es wurde großer Wert auf die Versorgung mit ausreichend blendfreiem Tageslicht gelegt. Die Raumbelichtung erfolgt von zwei Seiten durch die Fensterfront und über das Atrium. Es wurden orientierungsabhängig zwei verschiedene Tageslichtlenksysteme angewendet. Auf der Nordseite des Gebäudes sind außenseitig Reflektorbleche angebracht, die das diffuse Zenitlicht in den Raum lenken. Die Südseite ist mit innenliegenden Jalousien ausgestattet. Die Jalousien übernehmen die Lenkung des diffusen und direkten Tageslichts sowie den Sonnen- und Blendschutz.

Bild 5.16. Ansicht Südost. Eingangsbereich

5.5 Fassadenkonzepte

Bild 5.17. Ansicht Südfenster

Oberlichter mit Lichtumlenkung
Transluzente Wärmedämmung vor Betonwand mit passivem Sonnenschutz

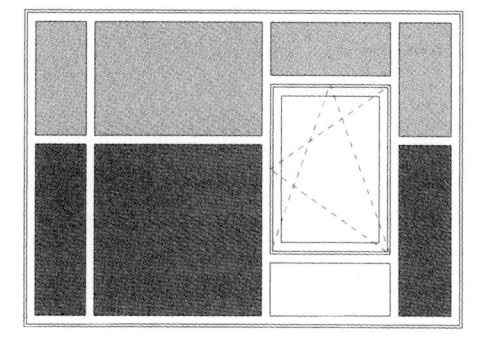

Bild 5.18. Fensterteilung

Die opaken Flächen der Fassade sind sehr gut gedämmt. Zusätzlich reduzieren Flächen mit transparenter Wärmedämmung, welche die Wärme zeitversetzt abgeben, den Energiebedarf. Die Lüftung erfolgt über Fenster. Im Sommer werden die thermischen Verhältnisse durch eine Nachtlüftung verbessert.

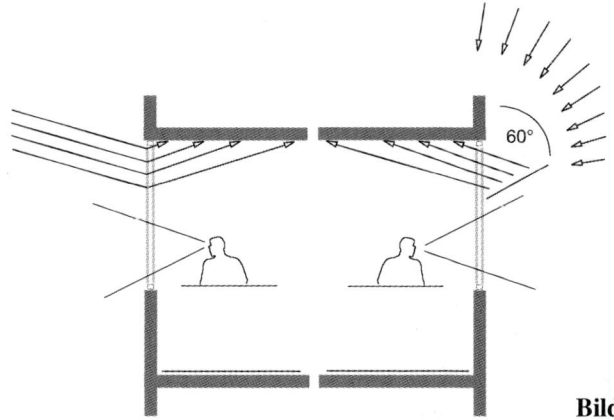

Bild 5.19. Tageslichtkonzept

5.5.3 Doppelfassaden

Bei Doppelfassaden wird vor die Primärfassade eine zweite Glasebene gelegt. Der Abstand der Fassadenebenen liegt zwischen 0,2 m und ca. 1,40 m. Der Fassadenzwischenraum kann unsegmentiert, vertikal (Schachtfassade) oder horizontal (Korridorfassade) unterteilt sein. Ist die Unterteilung horizontal und vertikal, so ergibt sich eine Kastenfensterfassade. Doppelfassaden werden oftmals aus gestalterischen Gründen realisiert. Die homogene vorgehängte Außenfläche bewirkt eine transparente und leichte Erscheinung. Bei hohen Häusern sind Doppelfassaden eine Lösung für das Problem des Winddrucks bei öffenbaren Fenstern sowie des witterungsexponierten Sonnenschutzes bzw. Lichtlenksystems. Durch die Außenhülle sind die Fassadenöffnungen geschützt, wodurch eine Nachtlüftung einfach realisiert werden kann. Zudem reduziert die zweite Verglasungsebene den Winddruck und somit die Gebäudedurchströmung. In Sonderfällen können steuerbare Klappen in der Außenhülle definierte Druckverhältnisse im Fassadenzwischenraum einstellen, so dass z. B. eine definierte Strömung von außen nach innen an allen Gebäudeseiten möglich ist.

Die einzelnen Funktionselemente sind hintereinander liegend geschichtet, so dass sich eine gegenseitige Beeinflussung einiger Funktionselemente ergibt. So wird z. B. im Sommer die Zuluft im Fassadenzwischenraum weiter erhitzt, wodurch in der Regel eine mechanische Lüftung erforderlich ist.

Unsegmentierte Doppelfassade

Eine unsegmentierte Zweite-Haut-Fassade hat den Nachteil ungehinderter Schallausbreitung und damit möglicher Beeinträchtigung der benachbarten Räume. Auch Gerüche (z. B. Tabakrauch) können übertragen werden. Da sich Feuer und Rauch ebenfalls in sowohl vertikaler als auch horizontaler Richtung ungehindert ausbreiten können, entstehen hier auch brandschutztechnische Probleme. Da die Temperatur im Zwischenraum nach oben hin zunimmt, können sich in den oberen Bereichen Überhitzungen ergeben. Der thermische Auftrieb ist durch die Höhe verstärkt. Dies kann den Lüftungsantrieb unterstützen, z. B. bei einer Abluftführung über die Fassade. Um eine großzügige Durchlüftung des Fassadenzwischenraumes zu ermöglichen, müssen große Lüftungsklappen am Fußpunkt und an der Traufe vorgesehen werden.

Korridorfassade

Bei der Korridorfassade ist die Unterteilung meist geschosshoch, der Fassadenkorridor oft begehbar ausgebildet. In jedem Geschoß befinden sich versetzt angeordnet Zu- und Abluftöffnungen. Dies verhindert eine unerwünschte Durchmischung von einströmender und ausströmender Luft. Die Vielzahl an Lüftungsöffnungen bedeutet jedoch einen größeren konstruktiven Aufwand. Gegenüber der unsegmentierten Fassade hat die geschossweise Abtrennung brandschutztechnische Vorteile, außerdem wird Hitzestau im oberen Fassadenbereich verhindert und vertikale Schallübertragung nahezu unterbunden. Das Problem der horizontalen Schallübertragung bleibt jedoch erhalten.

Schachtfassade

Eine Schachtfassade ist in vertikaler Richtung unterteilt. Die Thermik wird gezielt für den Luftwechsel im Fassadenzwischenraum genutzt (Abluft).

Kastenfensterfassade

Eine Kastenfensterfassade ist konstruktiv gesehen die aufwändigste Doppelfassade. Sie ist sowohl vertikal als auch horizontal abgetrennt. Jedes einzelne Fensterelement hat eigene Zu- und Abluftöffnungen und ist somit von anderen Fensterelementen unabhängig. Durch die horizontalen und vertikalen Trennelemente zum dahinterliegenden Raum werden brand- und schallschutztechnische Anforderungen erfüllt. Das Durchströmen des gesamten Fassadenzwischenraums ist nicht möglich. Der Öffnungsanteil der gesamten Fassade ist in der Regel höher.

5.5.4 Beispiel einer Doppelfassade

Die Entwurfs- und Planungsziele für das Verwaltungsgebäude der Deutschen Messe AG, Hannover, waren eine ganzjährige natürliche Belüftungsmöglichkeit und ein hohes Maß an Behaglichkeit trotz des Verzichts auf herkömmliche Klimatisierungssysteme. Um diesen Anforderungen zu entsprechen, wurde eine gesteuerte Korridorfassade realisiert.

Der Fassadenzwischenraum dient als Pufferzone für Wind und Wärme. Außerdem wird der Sonnenschutz witterungsgeschützt untergebracht. In der äußeren Fassadenhaut sind steuerbare Lüftungslamellen eingebaut, welche die Luftdurchströmung und die Druckverhältnisse im Zwischenraum regeln. Dadurch ist eine ganzjährige natürliche Belüftung trotz hoher Windgeschwindigkeiten möglich. Zusätzlich ist ein mechanisches Be- und Entlüftungssystem mit Wärmerückgewinnung vorhanden, das bei Fensterlüftung automatisch deaktiviert wird. Der Nutzer kann selber entscheiden, ob er vorkonditionierte Luft aus dem Lüftungssystem oder Luft aus dem Fassadenzwischenraum im Zimmer haben möchte.

Ein guter Sonnenschutz minimiert den Energieeintrag und die anfallende Wärme wird tagsüber in den massiven Bauteilen gespeichert. Über Nacht werden Decken und Böden mittels Bauteilaktivierung entladen. Dadurch kann das Gebäude ohne aktives Kühlsystem betrieben werden.

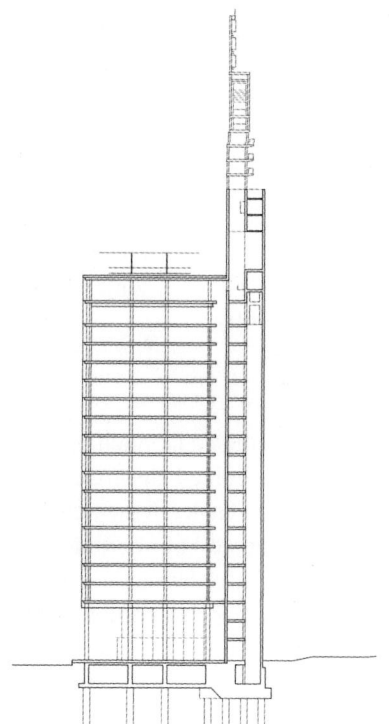

Bild 5.20. Schnitt

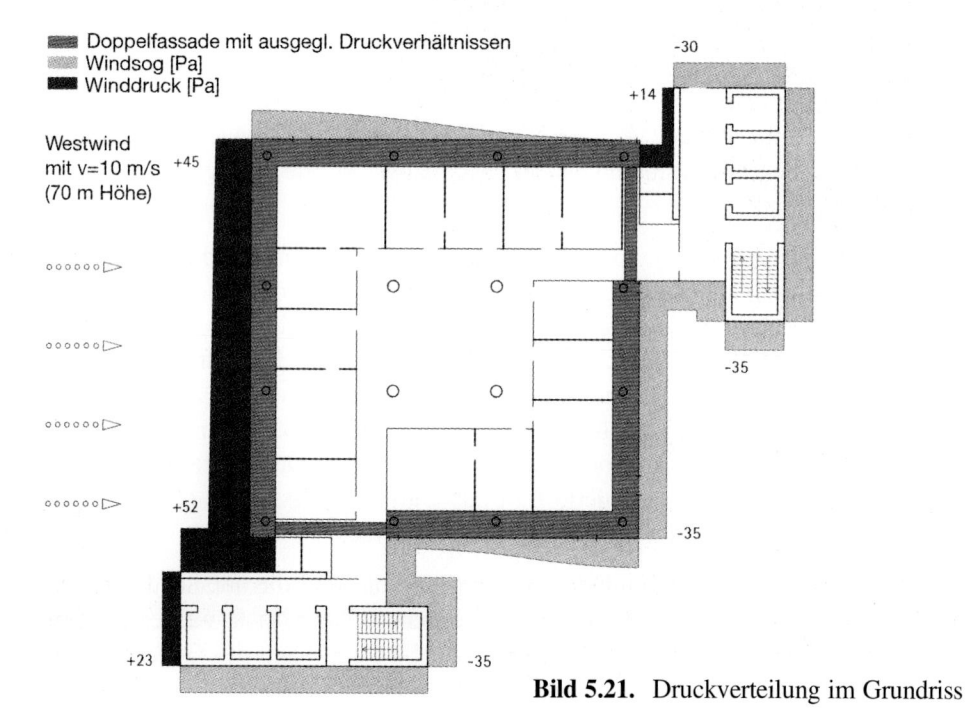

- Doppelfassade mit ausgegl. Druckverhältnissen
- Windsog [Pa]
- Winddruck [Pa]

Westwind mit v=10 m/s (70 m Höhe)

Bild 5.21. Druckverteilung im Grundriss

Bild 5.22. Fassadenkorridor

Bild 5.23. Doppelfassade

5.5.5 Kombifassade

Die Kombifassade ist eine Kombination von Einfach- und Doppelfassade (Kastenfenster). Es werden Einfach- und Doppelfassadenelemente achsweise im Wechsel angeordnet. Dadurch ist jeder Raum mindestens an ein Einfach- und an ein Doppelfassadenelement angeschlossen. Dadurch vereinigt die Kombifassade die Vorteile von beiden Konzepten wie: natürliche Lüftung, geschützter Sonnenschutz, einfache Nachtlüftung, Schallschutz, direkte Lüftungsmöglichkeit, Zuluftvorwärmung. Die natürliche Lüftung ist im Winter und in der Übergangszeit sowie bei Wind über das Kastenfenster immer möglich. An heißen Sommertagen wird über die Einfachfassade direkt stoßgelüftet. Dadurch dringt keine im Fassadenzwischenraum erhitzte Luft in den Raum ein. Ein Teil des Sonnenschutzes ist witterungsgeschützt im Kastenfenster, der andere kann aufgrund des geringeren Flächenanteiles in der Regel innenliegend ausgeführt werden und somit gleichzeitig als Blendschutz wirken. Der Nutzer hat über das Fenster in der Einfachfassade einen guten Außenbezug und kann die Funktionsweise der Fassade nach seinen individuellen Wünschen selbst einstellen.

5.5.6 Beispiele für Kombifassaden

Das Gebäude der Münchener Hypothekenbank, München, verfügt über ein zukunftweisendes Fassadenkonzept. Trotz der hohen Schallbelastung durch den Karl-Scharnagl-Ring an der Südwestfassade wurde auf eine komplette Doppelfassade verzichtet und eine Kombifassade errichtet. Kastenfensterelemente wechseln sich mit einschaligen Fassadenelementen ab. Dadurch hat der Nutzer einen guten Außenbezug sowie einen weitreichenden Einfluss auf die Lüftung und das Rauklima.

Bild 5.24. Kombifassade. Münchener Hypothekenbank

Bei dem Fassaden- und Gebäudetechnikkonzept für den light-tech twin-tower, München standen die Behaglichkeit und die Nutzerfreundlichkeit bei gleichzeitiger Minimierung der Gebäudetechnik im Vordergrund. Natürliche Lüftung, möglichst weitreichende Versorgung mit Tageslicht und ein nachvollziehbares Klimakonzept waren die Entwurfsschwerpunkte.

Das Fassadenkonzept vereinigt die Vorzüge einer Einfachfassade mit denen einer Doppelfassade (Kastenfenster). Die Lüftung erfolgt überwiegend über das Kasten-

5.5 Fassadenkonzepte

Bild 5.25. Light-tech twin-tower

fenster wodurch über lange Zeiträume im Jahr eine weitreichende behagliche natürliche Lüftung möglich ist. An sehr heißen windstillen Sommertagen erfolgt die Grundlüftung über die Lüftungsklappe im Einfachfassadenbereich, um übermäßigen Energieeintrag ins Gebäude zu verhindern. Das Tageslichtsystem teilt sich in zwei Zonen. Im oberen Bereich des Lamellenbehanges befindet sich eine Lichtlenkzone. Der flachere Lamellenwinkel bewirkt eine Umlenkung des Sonnenlichtes in die Tiefe des Raumes hinein. Im unteren Bereich reflektiert der steile Lamellenwinkel die Solarstrahlung wieder zurück. Der Nutzer hat die Möglichkeit, den Tageslichteintrag individuell nach seinen Bedürfnissen und nach den Verhältnissen im Außenraum einzustellen.

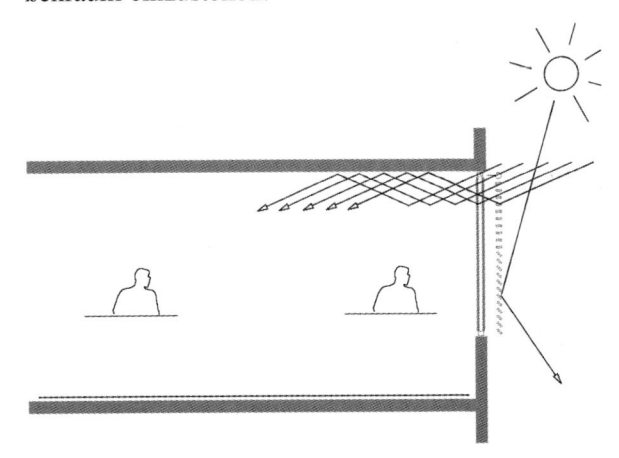

Bild 5.26. Tageslichtsystem

5.5.7 Funktionsfassade

Bei der Funktionsfassade sind gebäudetechnische Elemente oder Flächen zur Energiegewinnung integriert. Dieser Typus erfährt keine konstruktionsabhängige Unterscheidung, da entsprechende Energie- oder Technikmodule sowohl in einschaligen Fassaden als auch in Doppelfassaden integriert werden können. Hierzu zählen Solarkollektoren zur Brauchwassererwärmung, Photovoltaikelemente und dezentrale Lüftungs- und Raumklimageräte. Ein Trend in der Fassadenplanung ist die zunehmende Vernetzung der Haustechnik mit der Fassade. In herkömmlichen Gebäuden wird die Lüftungstechnik zentral im Gebäude untergebracht. Dies hat lange Wege, verbunden mit erhöhter Transportenergie und einer schlechteren Luftqualität, zur Folge. Wird die Zuluft über die Fassade eingebracht, verbessert sich die Luftqualität, da sie nicht über lange Verteilsysteme geführt wird. Das Problem der Luftkonditionierung kann über fassadenintegrierte Kollektoren, Nachheizregister oder dezentrale

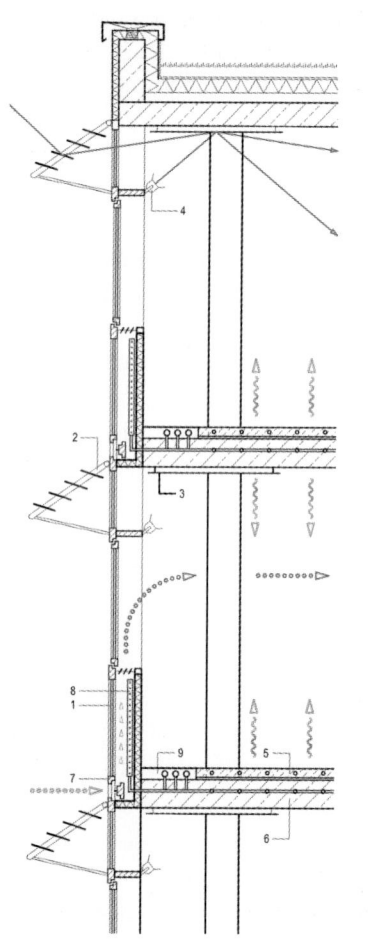

1 Zuluftkollektor
2 kombinierte Verschattung Lichtlenkung und Schlagregenschutz
3 Deckenreflektor
4 Deckenstrahler
5 Heiz- Kühlestrich
6 Heiz- Kühldecke
7 Zuluftventil
8 Absorber
9 Energiebus

Bild 5.27. Fassade mit integrierter Technik

Lüftungsgeräte gelöst werden. Bei Verwaltungsgebäuden ist Heizenergie nur während der Abend- und Nachtstunden, wenn keine internen Lasten vorhanden sind, erforderlich. Solarenergie kann über Kollektoren aufgenommen und in die Betondecken eingespeichert werden. Dadurch ist eine phasenverschobene Energieabgabe möglich. Auch eine Energieverschiebung im gesamten Gebäude ist auf diese Weise denkbar.

Die Verlagerung von technischen Elementen in die Fassade bietet die Möglichkeit des flexiblen Technikeinsatzes. Die Technik kann nachgerüstet oder verändert werden. Zudem werden Bau- und Planungskosten sowie Bauzeiten reduziert. Industriell vorgefertigte Elemente sind zudem betriebssicherer.

5.5.8 Beispiel einer technikintegrierten Fassade

Bei der Zentralen Versorgungskasse des Bauwesens, Wiesbaden, wurden die Funktionen gesteuerte natürliche Lüftung, Zuluftnachkonditionierung, Elektro- und EDV-Installation sowie die erforderlichen Schalter in vorgefertigte Fassadenelemente integriert. Zusätzlich kann der Nutzer über eine Lüftungsklappe direkt lüften. Mit diesem einfachen und nachvollziehbaren Konzept kann der Nutzer sein individuelles Raumklima leicht beeinflussen.

Bild 5.28. Installationselement in der Fassade

Bild 5.29. Nordfassade mit Lichtlenkung

Bild 5.30. Südfassade mit Sonnenschutz und Lichtlenkung

6 Gebäudelüftung

Die Lüftung ist ein zentraler Bestandteil der Gebäudetechnik. Lüftung versorgt den Menschen mit frischer Atemluft, sorgt für den Abtransport von Schadstoffen, trägt zu den thermischen Verhältnissen im Gebäude bei und ist ein wesentlicher Parameter des Wohlbefindens. Aufgrund des Sick-Building-Syndrome ist die natürliche Lüftung besonders aktuell geworden. Dennoch gibt es viele Situationen, in denen eine mechanische Lüftung unumgänglich ist. Bei der Gebäudelüftung stehen quantifizierbare Größen wie Investitions-, Wartungs- und Betriebskosten, baulicher Aufwand und Energieeinsparung im Wechselspiel mit weichen Faktoren wie Behaglichkeit und Nutzungsqualität.

6.1 Lüftungskonzepte

Lüftungskonzepte sind mehr als das Aneinanderreihen von Einzelkomponenten und erfordern eine ganzheitliche Herangehensweise im Planungsverlauf. Sie müssen auf die jeweilige Gebäudestruktur, die funktionalen Anforderungen sowie die angestrebten energetischen und ökonomischen Zielgrößen zugeschnitten werden. Es gilt, optimale Ergebnisse in Bezug auf die Nutzerzufriedenheit und die energetische Effizienz zu entwickeln (Bild 6.1).

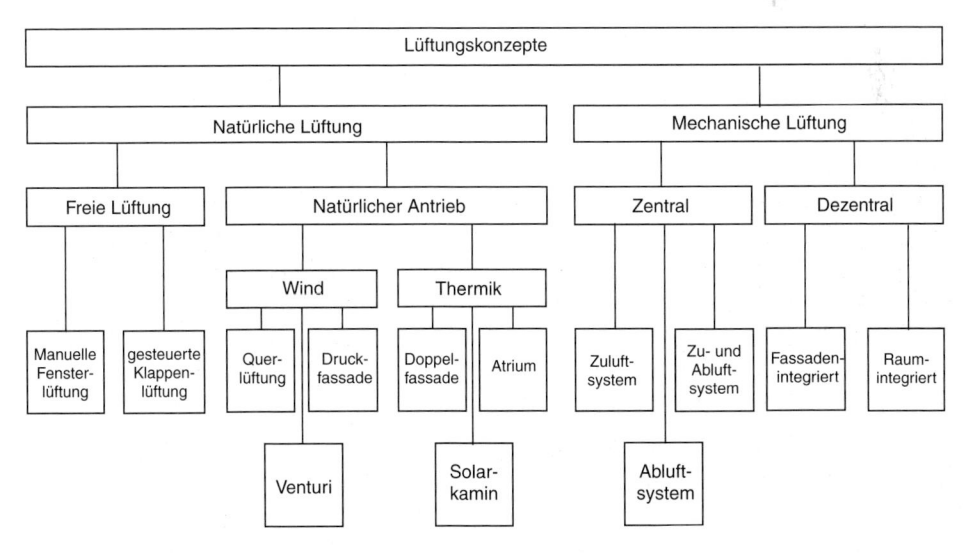

Bild 6.1. Lüftungskonzepte

6.1.1 Behaglichkeitsspezifische Rahmenbedingungen

Die Möglichkeiten natürlicher Lüftung sollten überprüft werden, da diese grundlegende Nutzerbedürfnisse wie Luftqualität, Außenbezug und Nutzereinfluss gut erfüllt. Die maximale Raumtiefe bei freier Fensterlüftung liegt bei ungefähr 2,5 x Raumhöhe, bei Querlüftung durch gegenüber liegende Fenster bei etwa 5,0 x Raumhöhe. Im Sommer sind bei Bürotätigkeit Raumlufttemperaturen zwischen 22 °C und 24 °C behaglich, im Winter zwischen 20 °C und 22 °C. Die Oberflächentemperaturen der Umschließungsflächen sollten nicht mehr als 3 K von der Lufttemperatur abweichen. Luftbewegungen über 0,2 m/s werden als unangenehmer Zug empfunden. Die Behaglichkeitsgrenzen für die Luftströmung stehen in Wechselwirkung mit der Lufttemperatur. Bei hohen Temperaturen kann bewegte Luft angenehm sein.

Bei Außenlufttemperaturen zwischen 14 °C und 24 °C kann ohne weitere Maßnahmen über Fenster gelüftet werden. Liegen sie tiefer, müssen Vorkehrungen für eine behagliche Zulufteinbringung getroffen werden. Liegen sie höher, so ist der Luftwechsel zu begrenzen, um den Wärmeeintrag nicht zu steigern. Außenlärm und Schadstoffbelastungen durch Straßen können die Lüftung über die Fassade beeinträchtigen. Der zulässige Schalldruckpegel für Büroarbeitsplätze wird bei geöffneten Fenstern an einer Hauptverkehrsstraße bereits überschritten.

6.1.2 Lüftung und Gebäudeentwurf

Die Gebäudegeometrie spielt für Lüftungskonzepte eine wesentliche Rolle. Eine optimierte Grundrissorganisation kann die natürlich zu belüftenden Flächen erhöhen, indem innenliegende Raumzonen sowie große Raumtiefen reduziert werden. Zur Minimierung der Lärmbelastung sollten Büroräume straßenabgewandt angeordnet werden. Nebenräume und Erschließungsbereiche können eine Pufferzone zu lärmbelasteten Straßen bilden. Die Gebäudestruktur (z. B. Treppenhaus, Atrium) kann in die Luftführung einbezogen werden. Natürliche Antriebskräfte wie Wind und Thermik können auf diese Weise als Lüftungsantrieb genutzt werden. Die Gebäudeform muss dafür nach aerodynamischen Gesichtspunkten ausgerichtet sein. Zur Nutzung von thermischen Kräften sind hohe Lufträume erforderlich.

6.1.3 Zulufteinbringung über die Fassade

Außenlärm stellt das Hauptproblem natürlicher Lüftungskonzepte dar. Doppelfassaden ermöglichen eine Fensterlüftung auch an lärmexponierten Standorten. Bei hohen Gebäuden stellt der Winddruck auf die Fassade besondere Anforderungen an das Gebäudekonzept, da es sonst bei Fensterlüftung zu unkontrollierter Gebäudedurchströmung und hohen Öffnungskräften an Fenstern und Innentüren kommt. Doppelfassaden sind eine Möglichkeit, öffenbare Fenster in Hochhäusern zu realisieren. Soll eine kostenintensive Doppelfassade vermieden werden, so können Kastenfenster, Prallscheiben oder schallgedämmte Lüftungselemente eine Alternative bieten. Um auch bei niedrigen Außentemperaturen behaglich über die Fassade lüften zu können, muss die Außenluft vorgewärmt werden. Dies kann durch eine zweite Fassadenebene, Zuluftleitung in die Raumtiefe oder Zuluftheizkörper erfolgen. Letztere können auch große Luftmengen temperieren. Die Zulufteinbringung über die Fassade kann sowohl in ausschließlich natürlichen Konzepten umgesetzt oder mit mechanischen Abluftsystemen kombiniert werden. Der Mehraufwand bei der Fassade wird durch die Einsparungen bei der mechanischen Lüftungsanlage finanziell zwar nicht ausgeglichen, die Nutzerzufriedenheit verbessert sich jedoch deutlich.

6.1.4 Mechanische Lüftung

Wenn große Raumtiefen belüftet werden müssen, hohe Luftwechselraten erforderlich oder keine Fassadenöffnungen realisierbar sind bzw. zu jeder Zeit ein definiertes Raumklima gefordert wird, ist eine mechanische Lüftung vorzusehen. Grundsätzlich können Lüftungsanlagen zentral oder dezentral angeordnet werden. Zentrale Lüftungsgeräte haben höhere Wirkungsgrade und sind einfacher zu warten. Ist die Gebäudestruktur ausgedehnt oder müssen nur Teilbereiche mechanisch belüftet werden, sind dezentrale Konzepte vorzuziehen, da die Leitungslängen kürzer sind und der entsprechende Platzbedarf geringer ist. Gegebenenfalls können dezentrale Geräte auch in die Fassade einbezogen werden. Auch für die optionale Nachrüstung bieten sich dezentrale Konzepte an. Ein viel versprechender Ansatzpunkt besteht darin, natürliche Konzepte zu entwickeln, die bei Bedarf mechanisch unterstützt werden.

6.1.5 Wärmerückgewinnung und Umweltenergie

Für die Wärmerückgewinnung aus der Abluft gibt es drei prinzipielle Möglichkeiten: Die Rückgewinnung durch Wärmeaustauscher, über ein Kreislaufverbundsystem oder über eine Abluftwärmepumpe. Können Zu- und Abluftstrom zusammen geführt werden, ist der Einsatz von Platten- oder Rotationswärmeaustauschern möglich. Hohe Rückgewinngrade werden ohne zusätzlichen Energieaufwand erzielt. Rotationswärmeaustauscher haben den höchsten Rückgewinngrad, sie können jedoch die Luftqualität beeinträchtigen. Können Zu- und Abluftstrom nicht zusammengeführt werden, so kann die Wärmerückgewinnung über ein Kreislaufver-

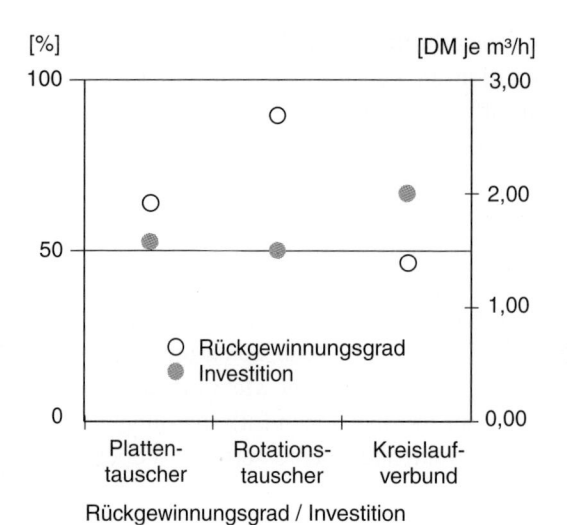

Bild 6.2. Wirkungsgrad und Kosten von Wärmerückgewinnungssystemen

bundsystem erfolgen. Der vereinfachten Luftführung stehen ein geringerer energetischer Wirkungsgrad und ein höherer Investitionsaufwand gegenüber (Bild 6.2). Bei reinen Abluftsystemen kann die Wärmerückgewinnung über eine Abluftwärmepumpe erfolgen. Die der Abluft entzogene Wärme kann für Heizung oder Warmwasserbereitung genutzt werden.

Wenn das Lüftungskonzept einen zentralen Zuluftstrom aufweist, kann ein Erdkanal zur Zuluftvorwärmung im Winter und zur Luftkühlung im Sommer'in das Lüftungskonzept integriert werden. Grundwasser hat ganzjährig ein konstantes Temperaturniveau von ca. 10 °C. In Verbindung mit einem Zuluftregister kann es direkt zur Kühlung oder zur Vorwärmung genutzt werden.

6.1.6 Raumkonditionierung

Ist der Wärme- bzw. Kältebedarf gering, bietet sich eine Luftheizung/-kühlung an. Das System ist schnell regelbar und kann ein wassergeführtes Heiz- bzw. Kühlsystem ersetzen oder ergänzen. Eine Kombination von Luftheizung und Bauteilaktivierung bietet sich an, um den Leistungsbereich der Systeme auszuweiten und das träge Regelverhalten der Bauteilaktivierung auszugleichen. Umluftbetrieb sollte aus hygienischen Gründen nicht vorgesehen werden.

Um die sommerlichen Verhältnisse zu verbessern, kann Nachtlüftung eine maschinelle Kälteerzeugung ergänzen oder ersetzen. Die Öffnungsklappen müssen einbruchs- und regensicher ausgeführt werden und gegebenenfalls automatisch steuerbar sein.

6.1 Lüftungskonzepte

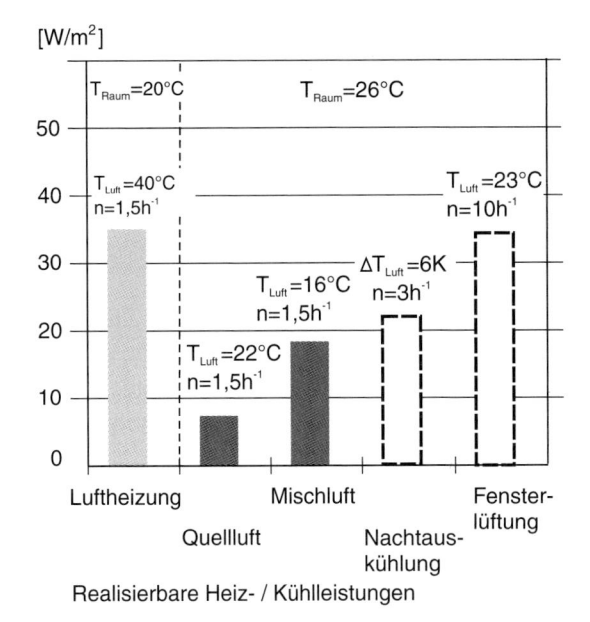

Bild 6.3. Leistungspotentiale bei der Raumkonditionierung über Luft

Um mit Luft zu heizen, muss das Gebäude sehr gut gedämmt sein, da die zur Verfügung stehende Heizleistung begrenzt ist. Wenn die mechanische Lüftung zur Wärmeabfuhr genutzt werden soll, so ist die Mischlüftung leistungsfähiger als die Quelllüftung. Natürliche Lüftungsstrategien bieten große Kühlpotentiale. Diese stehen jedoch nicht gesichert zur Verfügung, da sie vom momentanen Außenklima abhängen. Bild 6.3 zeigt Größenordnungen der realisierbaren Heiz- bzw. Kühlleistungen unter Zugrundelegung von hygienischen bzw. praxisgerechten Luftwechseln.

6.1.7 Luftführung über die Gebäudestruktur

Um den Platzbedarf für Kanäle zu vermindern, Druckverluste zu reduzieren und Investitionskosten zu sparen bietet es sich an, die Gebäudestruktur wie z. B. innenliegende Atrien, Doppelfassaden oder zusammenhängende Lufträume in das Lüftungskonzept zu integrieren. Die Gebäudestruktur kann zur Zu- oder Abluftführung genutzt werden. Erfolgt die Zuluftführung über die Gebäudestruktur, so kann das Zwischenklima die Zuluft vorkonditionieren. Geruchsbelastete Räume wie Kantinen, Werkstätten und Raucherzonen müssen vom Luftweg abgekoppelt sein, da sonst Gerüche mit der Zuluft im Gebäude verteilt werden. Erfolgt die Abluftführung über Kanäle, so kann eine Wärmerückgewinnung realisiert werden.

Wird Abluft über die Gebäudestruktur geführt, kann häufig Thermik als unterstützender Antrieb genutzt werden. Erfolgt in diesem Fall die Zuluftführung über die Fassade, so benötigt das Lüftungskonzept keine Kanäle. Eine definierte Konditionierung ist mit diesem System nicht möglich.

6.2 Natürliche Lüftung

Die Möglichkeit der natürlichen Belüftung wird beeinflusst vom Wind, der Thermik, dem Lärmeintrag sowie der zulässigen Schallübertragung. Zunächst sollte geklärt werden, ob der Gebäudestandort und die Gebäudestruktur eine ausreichende natürliche Lüftung zu jeder Zeit zulassen. Ob Gebäude sich über Fassadenöffnungen natürlich belüften lassen, hängt von der Thermik und dem Windanfall am Standort des Gebäudes sowie der Häufigkeit von Windstillen ab. Als Faustregel für die maximale Raumtiefe gilt bei einseitiger Belüftung 2,5 x die lichte Raumhöhe, bei zweiseitiger Belüftung 5 x die lichte Raumhöhe.

6.2.1 Fassadenöffnungen für die natürliche Lüftung

In aller Regel handelt es sich bei Fassadenöffnungen um Fenster und Türen sowie Zulufteinlässe und Fortluftauslässe. Größe, Art und Anordnung der zu öffnenden Fensterelemente und der Lüftungselemente entscheiden über die Wirksamkeit der freien Lüftung eines Raumes. Der relative Luftdurchsatz fällt bei verschiedenen Fensterarten je nach Öffnungswinkel recht unterschiedlich aus.

Durch Zusatzbeschläge werden Spaltlüftungsstellungen von Fenstern ermöglicht, die besonders bei kalter Witterung einen ausreichenden und behaglichen Luftwechsel ermöglichen. Verschiedene Systeme werden angeboten: Scheren zur Begrenzung der Öffnungsweiten, Fensterbremse und Feststeller für Dreh- und Dreh-Kippfenster, mit denen sich der Fensterflügel in beliebiger Stellung arretieren lässt, Getriebe mit Einstellrastereinrichtungen für verschiedene Kippstellungen, Spaltbegrenzer bei Schwingflügeln, für Schiebe- und Hebeschiebefenster sowie elektromotorische Betätigung von Kippflügeln (Regelung z. B. über Zeitschaltuhren, Wärmesensoren, Windmesser etc.) (Bild 6.4).

6.2.2 Behagliche Zulufteinbringung

Die natürliche Lüftung ist stark abhängig von der Außenlufttemperatur. Um im Winter die untere Behaglichkeitsgrenze nicht zu unterschreiten, sollte eine Lufttemperatur von unter 19 °C in Bodennähe des Raumes vermieden werden. Bei einem ge-

6.2 Natürliche Lüftung

	Luftwechselzahl
Fenster, Türen geschlossen	0 – 0,5 / h
Fenster gekippt, keine Rollläden	0,3 – 1,5 / h
Fenster halb offen	5 – 10 / h
Fenster ganz offen	10 – 15 / h
Fenster, Türen gegenüberliegend offen	bis 40 / h

Bild 6.4. Wirksamkeit von Fensteröffnungsarten für die Lüftung

kipptem Fenster liegt die minimale Außentemperatur bei ca. 5 °C. Bei niedrigeren Temperaturen wird die Behaglichkeitsgrenze unterschritten. Die Behaglichkeitsgrenze für die Raumluftströmung liegt bei 0,15 m/s Luftgeschwindigkeit. Besonders im Winter sind bei höheren Werten Zugerscheinungen zu erwarten.

6.2.3 Nachkonditionierung der Außenluft

Kalte Außenluft kann durch dezentrale, fassadenintegrierte Lüftungsgeräte nachkonditioniert werden. Eine Möglichkeit sind in die Brüstung integrierte Lüftungsgeräte mit Filtern, Ventilatoren sowie einem Heiz-/Kühlregister. Bevor die Luft in den Raum eintritt, wird sie je nach Bedarf weiter erwärmt oder gekühlt. Durch die Einsparung von Lüftungszentralen und Kanälen können Kosten gesenkt werden. Ein weiterer Vorteil ist die individuelle Bedienbarkeit durch den Nutzer.

Eine andere Möglichkeit der Anordnung des Lüftungsgerätes ist die Integration in die Decke. Die Zuluft wird mittels eines Gebläses über ein kombiniertes Heiz-/Kühlregister geleitet, das in Form eines Bodenkonvektors raumseitig vor der Fassade liegt. Dieses System kann auch bei Ganzglasfassaden realisiert werden, allerdings ist der bauliche Aufwand im Bereich der Betondecken höher.

Die Solarstrahlung kann ebenfalls zur Zuluftvorwärmung genutzt werden. Eine Möglichkeit ist eine Glasebene, die vor der Außenwand angeordnet ist und ein im Zwischenraum angeordnetes Absorberblech (Zuluftkollektor). Dieser Kollektor ist durch verschließbare Zu- und Abluftöffnungen mit dem Innen- und Außenraum verbunden. Die Solarstrahlung durchdringt das Glas und wird am Absorberblech in Wärme umgewandelt. Die im Kollektor erwärmte Zuluft kann durch die Öffnungen in der Fassade behaglich in den Raum eingeführt werden. Zuluftkollektoren sind nur bei südorientierten Flächen sinnvoll.

6.3 Mechanische Lüftung

Häufig sind bei Bürogebäuden mechanische Lüftungsanlagen erforderlich. Sie werden entweder in ein natürliches Lüftungskonzept integriert, um eine behagliche Lüftung zu jeder Zeit zu gewährleisten, oder die Gebäudelüftung erfolgt ausschließlich mechanisch. Für den Einsatz von Lüftungsanlagen gibt es unterschiedliche Möglichkeiten.

6.3.1 Raumlufttechnische Anlagen

Jede raumlufttechnische Anlage hat die Erneuerung der Raumluft und bei Bedarf auch deren Filterung zur Aufgabe. Zusätzlich können unterschiedliche thermodynamische Luftbehandlungsfunktionen erfolgen. Die DIN 1946-1 unterscheidet folgende Luftbehandlungsfunktionen: Heizen (H), Kühlen (K), Befeuchten (B), Entfeuchten (E), ohne thermodynamische Luftbehandlung (O) (Bild 6.5).

Lüftungsanlagen übernehmen keine oder nur eine zusätzliche thermodynamische Luftbehandlungsfunktion, zumeist das Heizen der Zuluft.

Teilklimaanlagen haben 2 bis 3 thermodynamische Luftbehandlungsfunktionen: z. B. HK-, KE- oder HBE-Anlagen.

Klimaanlagen erfüllen alle vier thermodynamische Luftbehandlungsfunktionen.

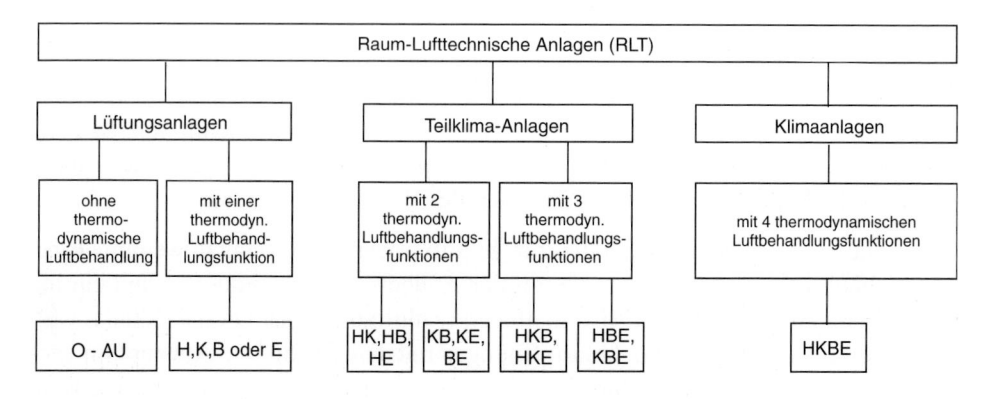

Bild 6.5. Einteilung von RLT-Anlagen nach DIN 1946-1

RLT-Anlagen werden eingeteilt in Niederdruck (ND)- und Hochdruck (HD)-Anlagen:

Bei der ND-Anlage wird die Zuluft mit geringem Druck durch die Kanäle geführt. Die Luft in der HD-Anlage wird mit sehr hohen Geschwindigkeiten von 10–25 m/s durch das Kanalsystem transportiert. So genannte „Entspannungskasten" setzen die Geschwindigkeit vor Eintritt in den Raum herab, um Zugerscheinungen zu vermeiden.

Bei der HD-Induktionsklimaanlage führen horizontale Luftkanäle, die am Boden entlang laufen, zu Induktionsgeräten unterhalb der Fensterflächen. Diese Induktionsgeräte sind eine Kombination aus Luftauslass und örtlicher Heizfläche: Sie erhalten alle Anschluss an das Luftkanalsystem sowie Anschlüsse zur Versorgung mit Warm- (Heizen) oder Kaltwasser (Kühlen). Das Trägermedium Wasser ist deshalb von Vorteil, da es aufgrund seiner höheren Dichte wesentlich mehr Wärme bzw. Kälte transportieren kann.

Die Induktionsgeräte enthalten Wärmetauscher in Form von Rippenrohren. Über den Induktionseffekt wird die Raumluft in den Wärmetauscher gesogen und nach Bedarf konditioniert (Bild 6.6).

Druckverhältnisse im Raum

Mechanische Lüftungssysteme unterscheiden sich nach ihren Druckverhältnissen: Drucklüftung mit Über- und Unterdrucklüftung (auch Sauglüftung) und Verbundlüftung. Bei der Überdrucklüftung wird die Zuluft in den Raum eingeblasen. Die Fortluft wird nicht gesondert abgesaugt und entweicht durch Abluftöffnungen. Die Unterdrucklüftung ist ein Entlüftungssystem bei der die Abluft aus den Räumen abgesaugt wird. Die Zuluft strömt über die Fassade, über Überströmöffnungen aus benachbarten Räumen (z.B. Atrium) oder über Kanäle nach. Die Verbundlüftung ist ein Be- und Entlüftungssystem. Die Frischluft wird in den Raum eingeblasen, die Abluft wird abgesaugt. Zu- und Abluftventilator arbeiten dabei synchron. Im Raum herrschen ausgeglichene Luftverhältnisse (Bild 6.7).

6.3.2 Luftführung im Raum

Die unterschiedlichen Belüftungsarten zeichnen sich durch ihre Luftführung im Raum aus. Grundsätzlich sind alle Luftführungen denkbar, von oben nach oben, von unten nach oben, von oben nach unten, von Seite zur Seite und diagonal. Es werden folgende drei Hauptbelüftungsarten unterschieden: Mischlüftung, Verdrängungslüftung und Quelllüftung.

	Einsatzgebiete und Besonderheiten	Vorteile	Nachteile
Lüftungsanlage (O-, H-, K-Anlage etc.)	gleichzeitige Entfeuchtung möglich	+ Luft wird gefiltert	- keine / nur eine thermodynamische Luftbehandlung
Teilklimaanlage (z.B. HK-, KE-, HBE-Anlage etc.)	häufig wird ein stationäres Heizsystem zusätzlich installiert für den Sommerbetrieb häufig zusätzliches Kühlaggregat		- nur bestimmte thermodynamische Luftbehandlungen möglich - Umluftbetrieb nur bei unbelasteter Abluft möglich
Einkanal-ND-Anlage	zur Energieeinsparung häufig zusätzliche statische Heizfläche Großräume und Raumgruppen mit gleicher Konditionierung Räume mit niedrig zu haltendem Geräuschpegel nur für Gebäude geeignet, bei denen alle Bereiche gleich konditioniert werden	+ geringe Luftgeschwindigkeiten + niedrige Energie-/ Betriebskosten + geringe Geräuschentwicklung in den Kanälen durch niedrige Strömungsgeschwindigkeiten	- durch den ND-Betrieb häufig sehr große Kanalquerschnitte - eingeschränkte Regelungsmöglichkeiten
HD-Anlage	zumeist höhere Luftmenge notwendig als hygienisch erforderlich hohe Geschwindigkeiten erfordern gesonderte Entspannungsgeräte	+ kleine Kanalquerschnitte aufgrund hoher Geschwindigkeiten möglich	- hohe Energie-/ Betriebskosten - erhöhte Geräuschentwicklung in den Kanälen
HD-Induktionsanlage	Energietransport über Wasser Platzbedarf der Zentrale beträgt nur 50–70% dessen einer ND-Anlage Kanalquerschnitt nur ca. 25% der ND-Querschnitte	+ Trägermedium Wasser erlaubt 20% geringeren Luftaustausch als bei allen anderen Systemen + kleine Kanalquerschnitte + individuelle / nutzerabhängige thermische Regelung durch einzelne Steuerung jedes Induktionsgerätes + Klimasystem unabhängig von Raumaufteilung + geringer Platzbedarf + keine Abschirmung der Fensterflächen notwendig	- aufgrund ihrer Wurfweite nur bis 6–8 m Raumtiefe einsetzbar - hohe Investitions-/ Anschaffungskosten - wärmegedämmte Lüftungsrohre - durch Hochdruck starke Geräuschentwicklung möglich

Bild 6.6. Gliederung der mechanischen Lüftungssysteme

6.3 Mechanische Lüftung

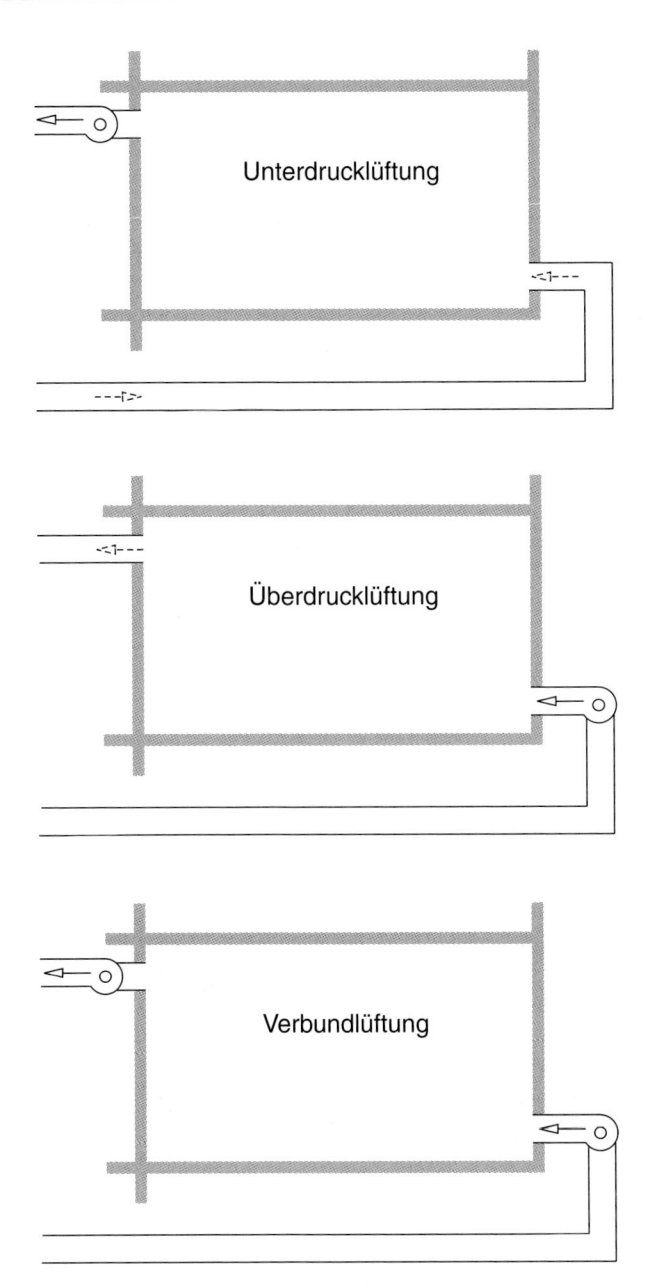

Bild 6.7. Systembedingte Luftdruckverhältnisse belüfteter Räume

Mischlüftung

Weitere Bezeichnungen für dieses Belüftungssystem sind auch Mischströmung, Strahllüftung, Induktionsströmung oder Verdünnungsprinzip. Bei der Mischlüftung wird die Frischluft mit hohen Geschwindigkeiten im Decken- oder oberen Wandbereich in den Raum geführt. Dabei reißt die Frischluft die Raumluft mit (Induktionseffekt), so dass sich Zu- und Raumluft vermischen. Dabei sind zwei Luftführungsarten gebräuchlich: zum Einen die Führung tangential entlang der Raumumschließungsflächen, zum Anderen eine diffuse Luftströmung, bei der die Zuluft meist über einen Deckenauslass einströmt (Bild 6.8).

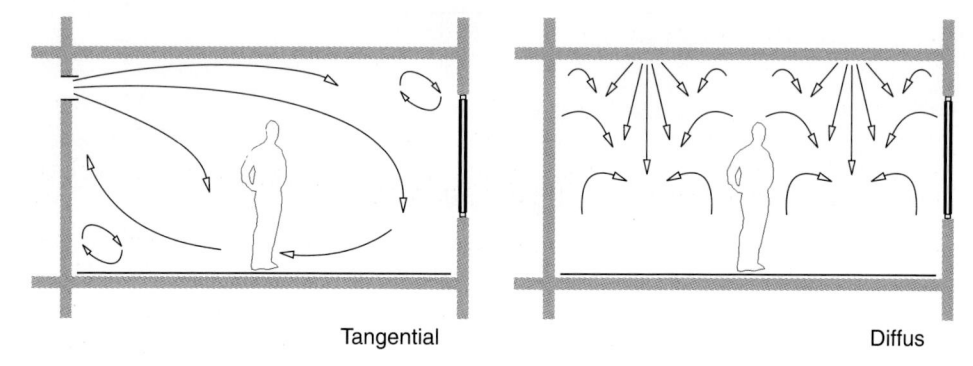

Bild 6.8. Mischluftprinzipien

Verdrängungslüftung

Bei der Verdrängungslüftung wird die Zuluft über die gesamte Wand- oder Deckenfläche mit sehr niedrigen Geschwindigkeiten gleichmäßig eingeführt. Die Abluft wird über die gegenüberliegenden Wand- oder Bodenfläche abgesaugt. Die Luftführung erfolgt also linear durch den Raum: entweder von oben nach unten, oder von Seite zu Seite (Bild 6.9).

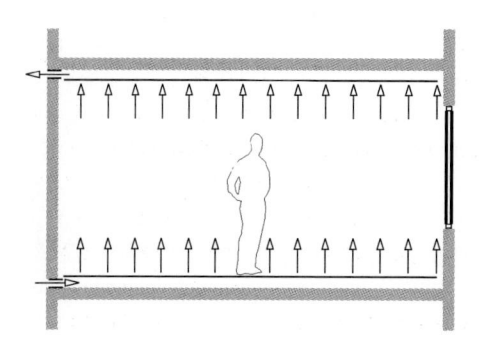

Bild 6.9. Verdrängungslüftung

6.3 Mechanische Lüftung 83

Quelllüftung

Die Quelllüftung (auch Schichtlüftung genannt) ist ein Sonderform der Verdrängungslüftung. Die Zuluft wird mit ca. 2 K Untertemperatur, in Bodennähe in den Raum eingebracht. Sie erwärmt sich dort durch die Wärmequellen im Raum (Menschen, Geräte etc.), steigt auf und wird im Deckenbereich abgeführt. Die Frischluft tritt mit sehr geringen Geschwindigkeiten (< 0,2 m/s) in den Raum, um Zugerscheinungen zu vermeiden. Der Nutzer befindet sich in einem „Frischluftsee" wodurch sich eine hohe Luftqualität ergibt.

6.3.3 Zulufteinbringung in den Raum

Je nach RLT-Anlage verteilen Ventilatoren die Zuluft in einem Netz aus Zuluftkanälen. Über Decken-, Wand- oder Bodenauslässe gelangt diese Luft anschließend in die Räume. Darüber hinaus können die Auslässe direkt in den Luftkanälen, in Stützen oder auch in Einrichtungsgegenständen wie z. B. Schränken untergebracht sein. Die am häufigsten verwendeten Luftauslässe sind Drall- und Schlitzauslässe, Tellerventile, Weitwurfdüsen und Zuluftgitter. Zudem gibt es eine Vielzahl an Sonderformen wie z. B. Ausblasköpfe, Dralldiffusoren oder auch Klimaleuchten. Bei letzteren handelt es sich um Deckenleuchten, in denen sich gleichzeitig die Abluftöffnungen befinden. Dadurch wird die Lampenabwärme mit der Abluft fortgeführt.

6.3.4 Kombination von Doppelfassaden mit Lüftungsanlagen

Eine Doppelfassade besteht aus zwei durch einen Luftzwischenraum getrennten Fassadenebenen, die gemeinsam die äußere Haut eines Gebäudes bilden. Die Außenfassade übernimmt den Wetterschutz, die Innenfassade kann diesbezüglich einfacher konstruiert werden. Der Abstand zwischen der äußeren und inneren Fassadenebene liegt zwischen 0,20 m und 1,40 m und beinhaltet fast immer den Sonnenschutz. Der Zwischenraum ist über Öffnungen mit der Außenluft verbunden, um eine natürliche Lüftung über die Fenster der Innenfassade zu ermöglichen. Infolge von Druckunterschieden, die aus Windeinwirkungen auf das Gebäude und/oder aus Temperaturunterschieden zwischen innen und außen resultieren, kommt es zu einem Luftaustausch zwischen außen und dem Fassadenzwischenraum. Von dort kann die Frischluft über Fenster dem Raum zugeführt werden. Doppelfassaden können in Verbindung mit mechanischen Abluftsystemen die Zuluftführung übernehmen. Dadurch kann die Zuluft über die Fassade in den Raum eingebracht werden, wodurch sich die Luftqualität und das Wohlbefinden verbessern. Die Zuluft wird im Fassadenzwischenraum vorgewärmt, so dass sie auch im Winter behaglich in den Raum einge-

	Einsatzgebiete und Besonderheiten	Vorteile	Nachteile
Mischlüftung	herkömmliches System / häufiger Einsatz jedoch mit abnehmender Tendenz um Zugerscheinungen zu vermeiden, darf der Strahlweg nur max. 80% der Raumtiefe betragen der Mischvorgang von Zu- und Raumluft muss oberhalb des Aufenthaltsbereiches abgeschlossen sein	+ thermischer Zustand der Luft überall im Raum etwa gleich	- bei falscher Bemessung können leicht Zugerscheinungen auftreten - nur bei Raumtiefen von max. 15–20 m (Wandauslässe) und Raumhöhen von 6–7 m (Deckenauslässe) einsetzbar
Verdrängungslüftung	wird nur in Sonderfällen eingesetzt, z.B. für Operationssäle, Laboratorien, Reinräume, Farbspritzräume, Arbeitsplätze in pharmazeutischen Betrieben überall dort günstig, wo eine erhöhte Reinheit der Luft gefordert ist teilweise nur als Umluftbetrieb eingesetzt	+ querkonvektionsfrei und turbulenzarm + sämtliche Verunreinigungen und thermische Lasten werden abgeführt + staubfreie Luft + praktisch keine Vermischung von Zu- und Raumluft + hohe Luftwechselzahlen möglich	- großer baulicher Aufwand - hoher Platzbedarf - hohe Anschaffungskosten - unter Umständen erschwerte Reinigung und Wartung
Quelllüftung	hohe Räume mit einem hohen Frischluftbedarf z. B. Theater, Hörsäle, Sporthallen, Küchen, Laboratorien; aber auch immer mehr Büroräume findet seit einem Jahrzehnt immer häufiger Verwendung Zulufttemperatur etwas niedriger als Raumtemperatur (max. 4 K)	+ hohe Luftqualität + niedrige Luftgeschwindigkeit + hoher Grad der Frischluftversorgung + geringer Turbulenzgrad	- Gefahr der Fußkälte - nur geringe Kühllasten möglich - großflächige Luftauslässe im Bodenbereich notwendig

Bild 6.10. Vergleich der Luftführungsarten

bracht werden kann. Im extremen Sommer ist die Zuluftführung über die Doppelfassade problematisch, da sich die warme Außenluft im Fassadenzwischenraum weiter erwärmt. Abhilfe können hier ein direkter Außenluftdurchlass oder eine Umkehrung der Luftrichtung schaffen.

6.3.5 Einbindung von Erdkanälen

Der Einsatz von Erdkanälen hat in den letzten Jahren im Verwaltungsbau zugenommen. Bei diesem System wird die Zuluft über Kanäle angesaugt, die 3 m bis 4 m tief in der Erde verlegt sind. Aufgrund der Speicherkapazitäten des Erdreiches wird die Außenluft innerhalb des Kanals vorgewärmt (Winter) bzw. abgekühlt (Sommer), so dass die Heiz- bzw. Kühllast verringert werden kann. Länge und Querschnitt der Erdkanäle sollten mit Simulationen bestimmt werden. Dazu sind Analysen der thermischen Eigenschaften des Erdreichs und der Erdreichtemperaturen erforderlich. Ein entscheidendes Leistungskriterium bei Erdkanälen liegt darin, ob das Erdkanalrohr im Grundwasser liegt. Um Bau- und Aushubkosten zu sparen, können Erdkanäle auch als doppelschalige Keller- oder Tiefgaragenwand ausgeführt werden (Bild 6.11).

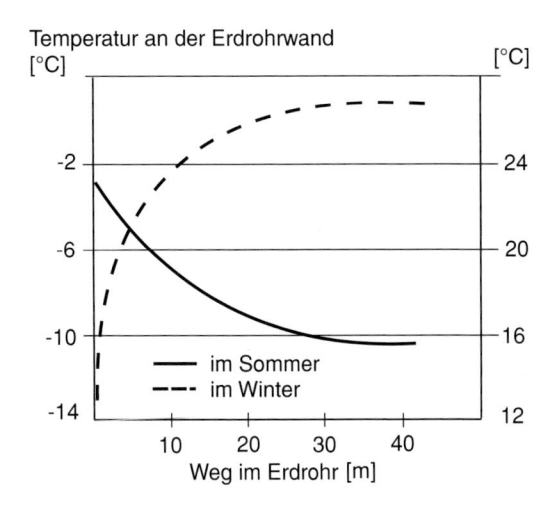

Bild 6.11. Temperaturverlauf entlang einer Erdkanalwand

6.3.6 Wärmerückgewinnung

Wärmerückgewinnung ist eine Energieeinspartechnologie, bei der die Wärme oder Kälte der Abluft entzogen und der Zuluft zugeführt wird. Es wird unterschieden zwischen rekuperativen und regenerativen Systemen. Beim rekuperativen Verfahren werden statische Austauschflächen verwendet, die die Wärme übertragen. Beim regenerativen Verfahren werden dagegen feste oder flüssige Speichermassen verwendet, die Wärme und/oder Feuchte aufnehmen und wieder abgeben. Eine Sonderform ist die Abluftwärmepumpe, bei der ein Kältemittel unter Energiezufuhr die Wärme überträgt.

Plattenwärmetauscher (rekuperativ)

Im Plattenwärmetauscher sind dünne Platten aus Aluminium oder Kunststoff mit einem Anstand von 2–10 mm parallel nebeneinander angeordnet. Durch diese Zwischenräume werden die beiden Luftströme (Frisch- und Abluft) getrennt voneinander im Kreuzstrom geführt, das heißt ihre Strömungsrichtung verläuft senkrecht zueinander. Es gibt jedoch auch Bauarten, bei denen die Luftströme diagonal oder im Gegenstrom geführt werden (Bild 6.12).

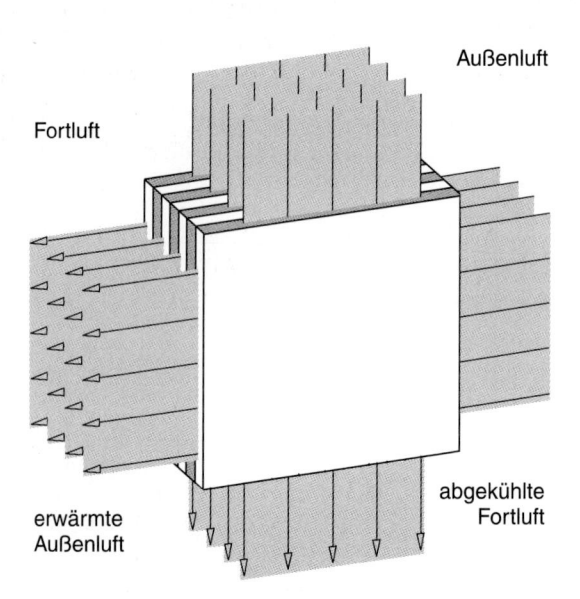

Bild 6.12. Plattenwärmetauscher

Kreislaufverbundsystem (regenerativ)

Beim Kreislaufverbundsystem sind Rohrbündel im Fort- und Außenluftkanal angeordnet. In diesen Rohren befindet sich ein flüssiges Speichermedium, das von einer Pumpe umgewälzt wird. Das Speichermedium nimmt im Fortluftkanal die Wärme auf, wird zum Außenluftkanal gepumpt und gibt die Wärme an die kalte Außenluft ab. Dies hat den entscheidenden Vorteil, dass Fort- und Außenluftkanal räumlich nicht beieinander liegen müssen (Bild 6.13).

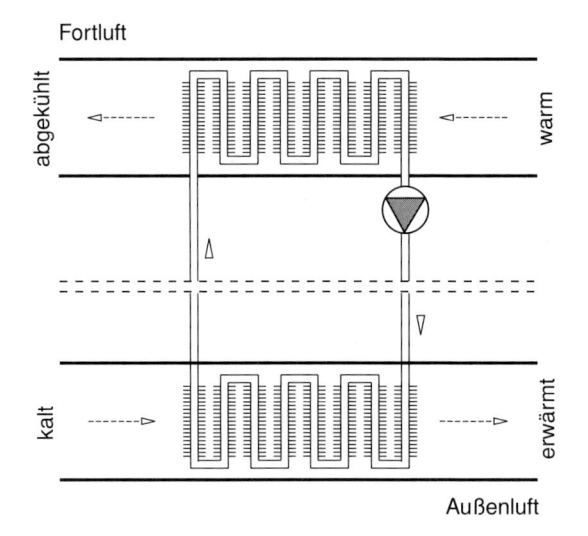

Bild 6.13. Kreislaufverbundwärmetauscher

Rotationswärmetauscher (regenerativ)

Beim Rotationswärmetauscher handelt es sich um einen zwischen Fort- und Außenluft langsam rotierenden Speicher, der der Fortluft die Wärme entzieht und sie im Gegenstromprinzip nach einer 180°-Drehung an die Außenluft wieder abgibt. Der Speicher besteht dabei aus einem Rotor mit wabenähnlichen, axialen Luftdurchlässen. Entscheidender Nachteil von Rotationswärmetauschern ist die mögliche Übertragung von Gerüchen und Partikeln (Bild 6.14).

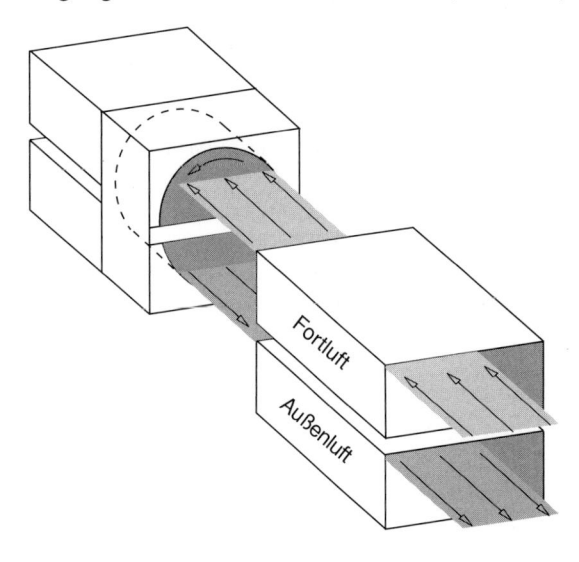

Bild 6.14. Rotationswärmetauscher

Wärmepumpen

Bei diesem System entzieht die Wärmepumpe der Fortluft die Wärme und überträgt sie auf einem höheren Temperaturniveau dem Zuluftstrom. Ein besonderes Anwendungsgebiet ist die Wärmerückgewinnung bei Abluftanlagen. Die der Abluft entzogene Wärme kann dann z. B. in ein Flächenheizsystem eingespeichert werden (Bilder 6.15 und 6.16).

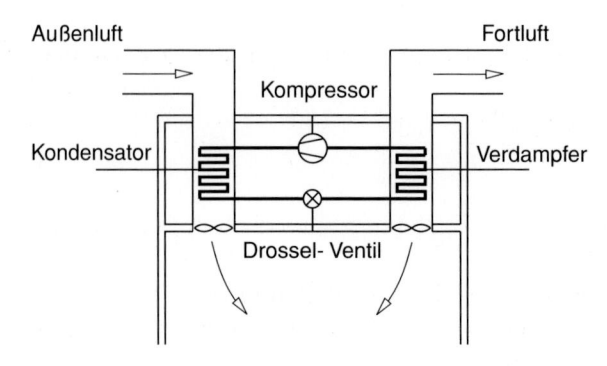

Bild 6.15. Wärmepumpe

	Vorteile	Nachteile
Plattenwärmetauscher	+ absolute Trennung von Fort- und Zuluft deshalb keine Übertragung von Gerüchen, Partikeln und Bakterien + geringe Investitionskosten + keine bewegten Teile und damit auch kein Verschleiß	- keine geräteseitige Regulierung der Austauschwirkung möglich - ggf. Vereisungsgefahr - Zu- und Abluft müssen räumlich beieinander liegen - größerer Platzbedarf des Kastengerätes
Wärmetauscher im Kreislaufverbund	+ Fort- und Außenluftkanal können räumlich getrennt sein + einfacher nachträglicher Einbau + geringer Platzbedarf und geringes Gewicht der Hauptanlage + keine Feuchtigkeits- und Geruchsübertragung + einfache und genaue Regelung möglich	- zahlreiche Nebenaggregate (Pumpe, Regelventile, Ausdehnungsgefäß etc.) - Vereisungsgefahr - Druckverlust und Umwälzpumpe erfordern zusätzlichen Energiebedarf
Rotationswärmetauscher	+ Feuchteübertragung möglich + einfache Leistungsregelung durch Änderung der Drehzahl + geringe Vereisungsgefahr + sehr hohe Rückgewinnungsgrade	- Geruchs- und Partikelübertragung - großer Platzbedarf durch Zusatzaggregate (Motor, Antrieb etc.) - Fort- und Außenluft müssen in der Zentrale zusammengeführt werden
Wärmepumpen	+ keine Geruchs- und Partikelübertragung + Fort- und Außenluft können räumlich voneinander getrennt sein + nutzt auch Restwärme, die von anderen Systemen nicht mehr genutzt wird	- durch Investitions- und Betriebskosten meist unwirtschaftliches System - Platzbedarf - Vereisungsgefahr

Bild 6.16. Übersicht Wärmerückgewinnungssysteme

6.3.7 Komponenten von Lüftungsgeräten

Je nach System kann ein Lüftungsgerät folgende Komponenten beinhalten:

Mischkammer, Ventilatoren, Luftfilter, Lufterwärmer/-kühler, Luftbe- und -entfeuchter, Schalldämpfer, Jalousien, Klappen.

Sämtliche Teile sind in so genannte Kammern eingebaut. Eine beispielhafte Zentrale eines Klimagerätes kann demnach folgenden Aufbau haben:

- Zuluftansaugstutzen, z. B. freistehend in Form von Röhren, Rohrbündeln oder Türmen
- Mischkammer zum Mischen von Außenluft und Umluft
- Filterkammer, in der Feststoffe aus der Luft gefiltert werden
- Vorwärmer und Kühler
- Wäscher oder Luftbefeuchter, der Gerüche eliminiert und die Luft mit Feuchtigkeit anreichert
- Bypass, der das Zumischen von unaufbereiteter Umluft erlaubt
- Nachwärmer, der die Luft auf Einblastemperatur bringt und damit zugleich eine weitere Feuchteregulierung vornimmt
- Ventilatoren, die vor und/oder nach den Aufbereitungskammern angeordnet sind und als Zu- und Abluftventilatoren dienen
- Fortluftauslässe, z. B. ebenfalls freistehend als Turm neben dem Ansaugstutzen, jedoch in anderer Höhe, um ein Ansaugen von verbrauchter Fortluft zu vermeiden.

6.3.8 Einsatz der lüftungstechnischen Komponenten

Je nachdem, welche thermodynamischen Luftbehandlungsfunktionen gefordert sind, wird ein entsprechendes Gerät mit den notwendigen Komponenten ausgewählt. Bei Teilklimaanlagen kann also auf einen Teil der oben genannten Bauteile verzichtet werden. Lüftungsanlagen bestehen nur aus Ansaug- und Fortluftöffnungen, Ventilatoren, Schalldämpfern, Kanälen und Filtern.

Die gesamte RLT-Anlage wird nach den geforderten thermodynamischen Luftbehandlungsfunktionen und dem zu erwartenden Volumenstrom und unter Einbeziehung der Nutzfläche dimensioniert. Bei den Zuluftansaugstutzen und Fortluftauslässen hat es sich bewährt, diese in hohen Lagen auf der Nord- oder Nordostseite als freistehende Türme anzuordnen.

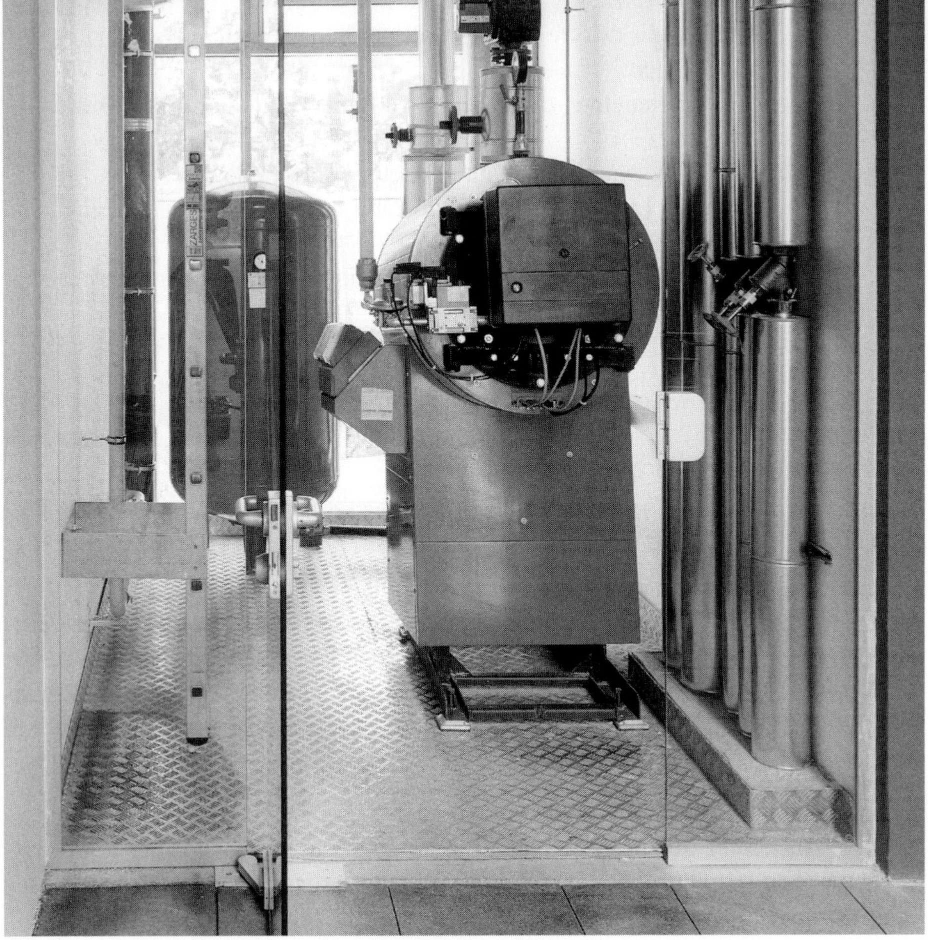

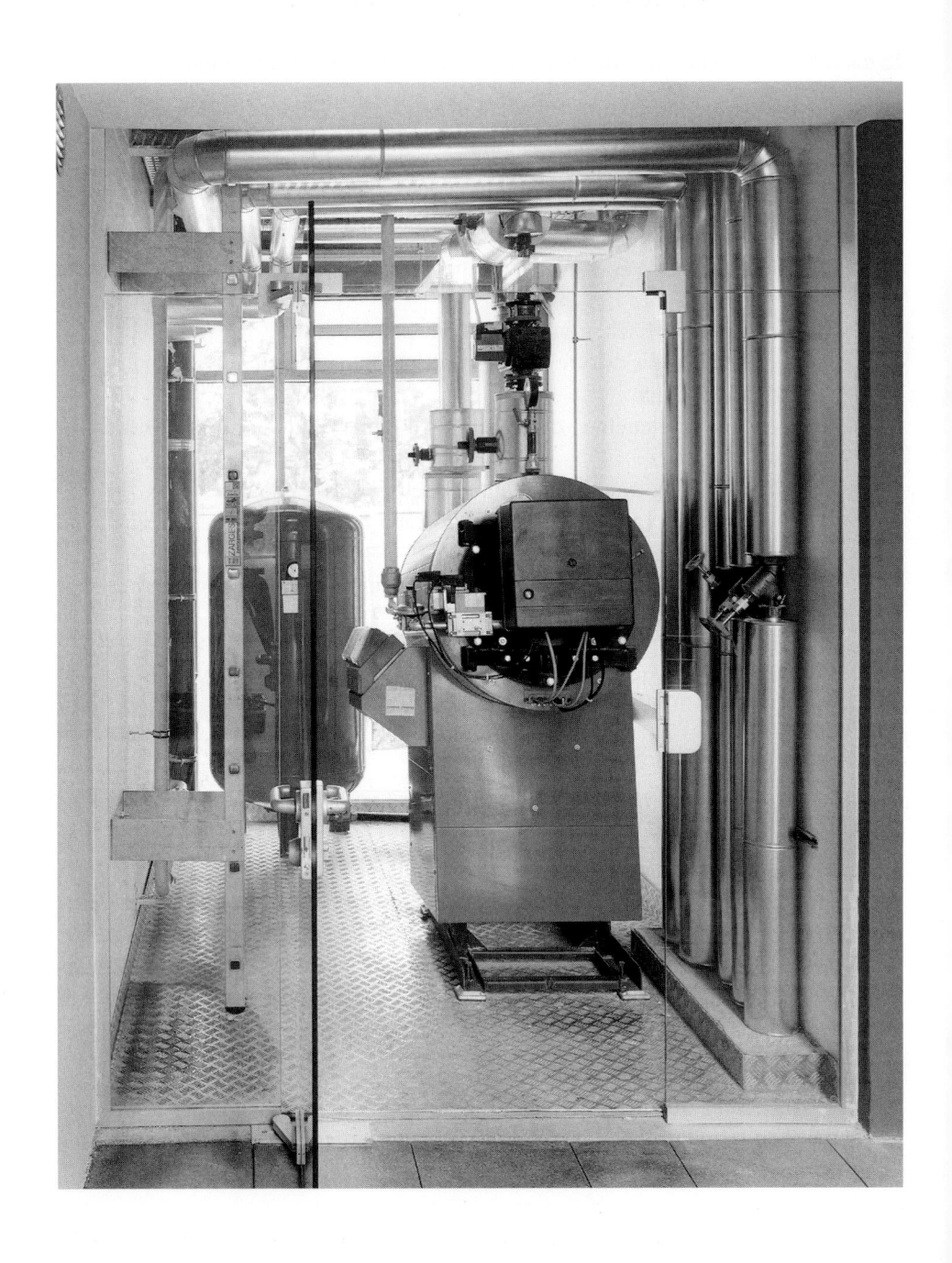

7 Konventionelle Raumkonditionierung

Bei niedrigen Außentemperaturen muss einem Gebäude Heizwärme zugeführt werden, um die Transmissions- und Lüftungswärmeverluste auszugleichen. Der erforderliche Wärmebedarf zur Auslegung der Heizflächen wird nach der Norm DIN 4701 bestimmt. Dabei geht man von winterlichen Norm-Witterungsbedingungen und Norm-Innentemperaturen aus, um den erforderlichen Wärmebedarf eines Gebäudes und seiner einzelnen Räume zu errechnen. Die Heizwärme wird in der Regel zentral erzeugt und über ein Verteilsystem zu den Verbrauchern transportiert. Über die Heizflächen wird die Wärme an den Raum übergeben.

Auch im Sommer müssen Maßnahmen getroffen werden, um ein behagliches Raumklima zu schaffen. Als Maßstab dafür dient die Kühllast eines Raumes. Darunter versteht man die Wärmemenge, die durch äußere und innere Wärmequellen dem Raum zugeführt wird. Die äußere Kühllast setzt sich aus der solaren Einstrahlung durch transparente Bauteile und der Transmissionswärme zusammen, wobei die Sonneneinstrahlung den größten Faktor darstellt. Mit geeigneten Sonnenschutzvorrichtungen kann dieser Anteil niedrig gehalten werden. Die Transmissionswärme ergibt sich aus den Wärmeströmen durch die Gebäudehülle. Diese sind in erster Linie von der Außentemperatur, der flächenbezogenen Bauteilmasse und dem U-Wert abhängig. Die innere Kühllast wird durch die Wärmeabgabe von Personen, der Beleuchtung und der Geräte im Raum bestimmt. Meist überwiegt die äußere Kühllast. Dennoch muss in Bürogebäuden aufgrund hoher Belegungsdichte und erhöhtem EDV-Einsatz mit hohen inneren Kühllasten gerechnet werden. Um ein Überhitzen der Räume zu vermeiden, müssen innere und äußere Kühllasten abgeführt werden.

7.1 Wärmeübergabesysteme

Zur Wärmeübergabe im Raum stehen verschiedenste Heizflächen in unterschiedlichen Bauformen zur Verfügung. Welche Heizflächen in einem konkreten Projekt zum Einsatz kommen, wird von zahlreichen wärmephysiologischen, technischen, funktionalen, ästhetischen und energetischen Kriterien beeinflusst (Bild 7.1).

7.1.1 Anforderungen

Zunächst müssen Heizflächen den Wärmebedarf decken, um ein gewünschtes Temperaturniveau im Raum zu halten. Bei der Wärmeabgabe von Heizflächen unterscheidet man zwischen Wärmestrahlung und Konvektion. Das Verhältnis

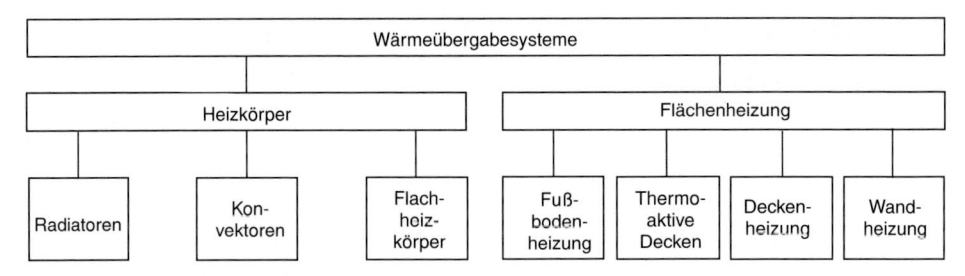

```
                    Wärmeübergabesysteme
                    ┌───────────┴───────────┐
                Heizkörper              Flächenheizung
            ┌───────┼────────┐      ┌──────┬──────┬──────┬──────┐
        Radiatoren  Kon-    Flach-  Fuß-   Thermo- Decken- Wand-
                    vektoren heiz-  boden-  aktive  heizung heizung
                             körper heizung Decken
```

Bild 7.1. Wärmeübergabesysteme

beider zueinander beeinflusst das Raumklima. Der Strahlungsanteil eines Heizkörpers ist umso höher, je größer seine dem Raum zugewandte sichtbare Fläche ist (Bild 7.2).

Für den Menschen ist die so genannte empfundene Raumtemperatur – der Mittelwert aus der Raumlufttemperatur und der Temperatur der Umschließungsflächen – der wärmephysiologische Maßstab. Da durch Strahlung vorwiegend die im Raum vorhandenen Oberflächen erwärmt werden, empfindet der Mensch die radiative Wärmeabgabe als besonders angenehm. Bei der konvektiven Wärmeabgabe wird zuerst die umgebende Raumluft erwärmt, die die Wärme wiederum an die im Raum vorhandenen kühleren Gegenstände und Körper abgibt. Heizflächen mit hohem Strahlungsanteil ermöglichen niedrigere Raumlufttemperaturen, wodurch die Lüftungswärmeverluste verringert werden.

	Vorteile	Nachteile
Konvektoren	+ schnelle Regelbarkeit + kurze Anheizzeit + geringes Gewicht + zahlreiche unterschiedliche Einbaumöglichkeiten + mit zusätzlichem Gebläse höhere Wärmeabgabe möglich + Frischluftvorerwärmung möglich	- keine Strahlungswärmeabgabe - je nach Einbausituation meist schlecht zu reinigen
Flachheizkörper	+ kostengünstig	
Radiatoren	+ bei geringer Bautiefe hoher Strahlungsanteil + lange Lebensdauer	- hohe Systemtemperaturen
Fußbodenheizung	+ gleichmäßige Temperaturverteilung über die Raumhöhe + geringe Raumluftgeschwindigkeiten + Flächen für Heizkörper entfallen + hoher Strahlungswärmeanteil + niedrige Systemtemperaturen	- sehr träges Regelverhalten - höhere Kosten - geringe Flexibilität bei Nutzungsänderungen

Bild 7.2. Vor- und Nachteile von Heizflächen

7.1 Wärmeübergabesysteme

Konvektionsanteil
zusätzlicher Strahlungsanteil bei 30 °C
Strahlungsanteil bei Heizkörpertemperatur 60 °C

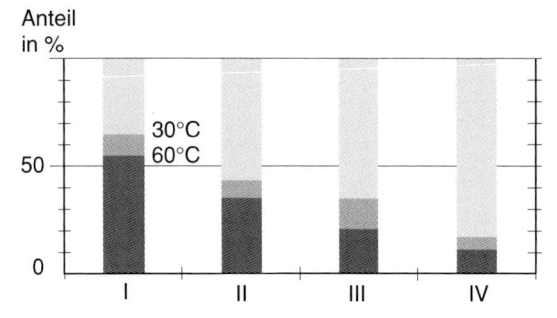

Anteil in %

Strahlungsanteil bei verschiedenen Heizkörperarten, Raumtemperatur 20 °C

I Plattenheizkörper einreihig, ohne Konvektorbleche
II Radiator (Gliederheizkörper)
III Plattenheizkörper zweireihig, drei Konvektorbleche
IV Rippenrohrheizkörper

Bild 7.3. Konvektions- und Strahlungswärmeanteile verschiedener Heizflächen

Grundsätzlich unterscheiden sich Heizflächen durch ihre Bauart. Daraus ergeben sich verschieden hohe Strahlungs- und Konvektionsanteile (Bild 7.3). Dabei gilt, dass die konvektive Wärmeabgabe einer Heizfläche ansteigt, je höher die mittlere Heizwassertemperatur gewählt wird.

Niedrigere Vorlauftemperaturen wirken sich günstig auf die Verluste einer Heizungsanlage aus. Die Heizflächen müssen bei niedrigen Vorlauftemperaturen jedoch größer sein.

Um eine gleichmäßige Temperaturverteilung im Raum zu erreichen, sollten Heizflächen an der Außenwand liegen. Bei sehr gutem Wärmeschutz der Außenbauteile können Heizflächen beliebig im Raum angeordnet werden (Bild 7.4).

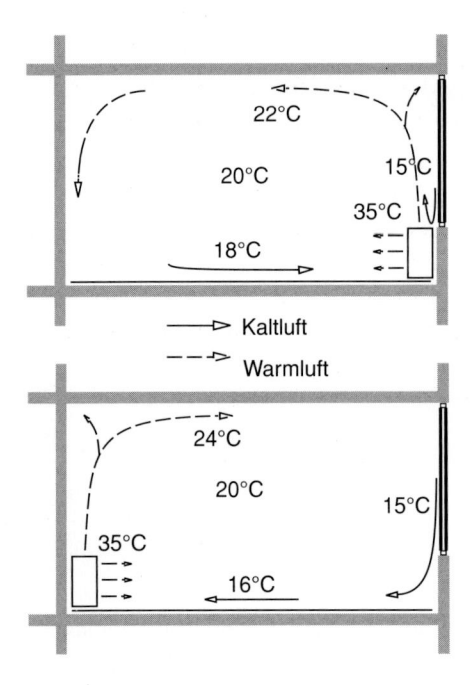

Bild 7.4. Heizkörper an Außen- bzw. Innenwand bei normalem Wärmeschutz

7.1.2 Konvektoren

Konvektoren bestehen aus heizwasserdurchflossenen Rohren, die zur Steigerung der Wärmeabgabe mit eng aneinander gereihten Metalllamellen versehen sind. Die Wärmeabgabe an den Raum erfolgt fast ausschließlich konvektiv durch die an den Lamellen vorbeistreichende Luft. Aufgrund der niedrigen Masse und der geringen Heizwassermenge weisen Konvektorheizungen ein sehr schnelles Regelverhalten auf.

Nachteilig ist die schlechte Reinigungsmöglichkeit wegen der eng stehenden Lamellen, außerdem kann durch die Einbausituation die Zugänglichkeit erschwert sein. Ein Einsatz im Niedertemperaturbereich ist wegen der dann nur noch geringen abgegebenen Leistung nicht sinnvoll. Der fehlende Strahlungsanteil wirkt sich in Daueraufenthaltsbereichen nachteilig aus, dafür können Konvektoren vor Verglasungen ohne Strahlungswärmeverluste nach draußen angeordnet werden. Konvektoren können in unterschiedlichen Bauformen und Einbausituationen projektiert werden. Neben der gewöhnlichen Anordnung vor der Fassade stellen nachfolgend beschriebene Systeme häufig eingesetzte Ausführungen in Bürogebäuden dar.

Unterflurkonvektoren

Aufgrund des Einbaus in einen fußbodenbündigen Schacht eignen sich Unterflurkonvektoren in der Regel nur für Räume im Erdgeschoss. Sie dienen zur Abschirmung großer bis zum Boden reichender Fensterflächen, wenn Heizflächen vor der Verglasung aus gestalterischen Gründen vermieden werden sollen. Allerdings bedingen Unterflurkonvektoren einen hohen baulichen Aufwand. Die Leistungsabgabe von Unterflurkonvektoren kann durch tiefere Einbauschächte gesteigert werden. Der Effekt der Konvektion wir dadurch verstärkt, dass durch den erhöhten thermischen Auftrieb mehr Luft durch den Konvektorschacht strömt. Je höher der Schacht, umso höher ist die Wärmeleistung (Bild 7.5).

Bild 7.5. Unterflurkonvektor

Estricheinbaukonvektoren

Im Gegensatz zu den Unterflurkonvektoren benötigen Estricheinbaukonvektoren keinen bauseits erstellten Schacht. Sie bestehen aus bis zu 120 mm hohen Blechwannen mit integrierten Konvektorelementen, die im Fußbodenaufbau untergebracht werden. Aufgrund ihrer geringen Höhe beträgt die Wärmeleistung von Estricheinbaukonvektoren nur bis etwa 150 W/m. In der Regel werden sie deshalb nur als zusätzliches Heizelement – z. B. in Räumen mit Fußbodenheizung und hoher Verglasung – eingesetzt, um den Kaltluftabfall an der Fassade zu kompensieren.

Gebläsekonvektoren

Neben den Konvektoren, bei denen die Durchströmung allein durch thermischen Auftrieb erfolgt, gibt es Sonderbauformen mit erzwungener Konvektion. Solche Gebläsekonvektoren werden durch ein zentrales Luftverteilungsnetz oder Ventilatoren angeblasen, wodurch große Heizleistungen realisierbar sind.

7.1.3 Flachheizkörper

Flachheizkörper – auch Platten- oder Kompaktheizkörper genannt – bestehen aus ein bis drei heizwasserdurchströmten Platten mit einer glatten oder profilierten Vorderfront. Zur Steigerung der Wärmeleistung können hinter den Platten Konvektionsbleche angeschweißt sein. Durch eine Vielzahl an Ausführungsarten und geringen Bautiefen lassen sich Flachheizkörper gestalterisch gut an den jeweiligen Raum anpassen. Aufgrund des geringen Wasserinhaltes weisen sie eine schnelle Regelbarkeit auf. Bezogen auf die Heizleistung sind Flachheizkörper die wirtschaftlichsten Heizflächen. Abhängig von der Bautiefe, der Bauhöhe und der Anzahl der Konvektionslamellen ergeben sich unterschiedlich hohe Strahlungwärmeanteile.

7.1.4 Radiatoren

Abhängig vom Wärmebedarf werden Radiatoren aus mehreren wasserdurchflossenen Gliedern zusammengesetzt. Je nach Fläche und Bautiefe geben sie bis zu 70 % der Wärme durch Konvektion ab. Wegen ihrer Robustheit und langen Lebensdauer sind Radiatoren in der Praxis häufig verwendete Heizflächen.

Rohrschlangen und Rohrheizflächen sind mögliche Sonderbauformen. Sie finden Anwendung unter anderem als Geländer- oder als so genannte Bankheizkörper, wobei die Röhren horizontal unter einer Abdeckplatte angeordnet werden.

7.1.5 Fußbodenheizung

Zur Beheizung des Fußbodens werden über die gesamte Deckenfläche Rohrschlangen – in der Regel aus Kunststoff – im Estrich oder Aufbeton verlegt. An den Randbereichen zur Fassade kann der Abstand der Rohre verringert werden, um den dort erhöhten Wärmebedarf zu decken. Die Fußbodenheizung bietet Platzersparnis und freie Gestaltungsmöglichkeiten im Raum. Jedoch sind die Anlagenkosten bis zu 30 % höher als bei herkömmlichen Heizkörpern. Dennoch kann sich auf Dauer durch die niedrigen Vorlauftemperaturen eine Heizkostenersparnis ergeben. Da die erforderlichen Vorlauftemperaturen niedrig sind, eignet sich die Fußbodenheizung gut für den Betrieb von Wärmepumpen. Die niedrigen Systemtemperaturen reduzieren auch die Verteilverluste. Da die Fußbodenheizung aufgrund ihrer großen Masse nur träge reagiert, kann eine Kombination mit herkömmlichen Heizflächen zur schnellen Aufheizung des Raumes sinnvoll sein.

Die Wärmeleistung von Fußbodenheizungen ist durch die zulässige Oberflächentemperatur begrenzt. Aus physiologischen Gründen sind in Aufenthaltsräumen Oberflächentemperaturen von etwa 24 °C am angenehmsten. In den Randbereichen, in denen sich normalerweise niemand länger aufhält, sind bis zu 29 °C möglich. Die DIN gibt Werte von 29 °C bzw. 35 °C an. Das ausgeglichene Temperaturprofil im Raum sorgt für ein angenehmes Klima. Zudem verursacht die Flächenheizung nur geringe Luftbewegungen, wodurch Staubaufwirbelungen weitgehend vermieden werden. Zu beachten ist, dass Fußbodenheizungen in Büroräumen nur beschränkt zum Einsatz kommen können. Zahlreiche Installationen reduzieren die Verlegungsmöglichkeiten im Fußboden erheblich. Außerdem sind Anpassungen bezüglich der Wärmeleistung und Regelung bei geänderten Raumaufteilungen aufwändig.

7.1.6 Fassadenheizung

Eine Sonderstellung unter den Heizflächen nimmt die Fassadenheizung ein. Dabei werden geschossweise die statisch tragenden Fassadenprofile und die Querriegel mit Heizwasser (bis zu 55 °C) durchflossen. Die abgestrahlte Wärme schafft ein angenehmes Klima auch in Fensternähe und vermindert den Kaltluftabfall. Dieses System funktioniert jedoch nur, wenn die Konstruktion innen liegt.

7.2 Kühlsysteme

Um im Sommer und in den Übergangszeiten eine zu starke Erwärmung zu vermeiden, muss in Bürogebäuden die überschüssige Wärme abgeführt werden. Abhängig von den baulichen Randbedingungen und vorhandenen Energiequellen stehen unterschiedliche Maßnahmen zur Verfügung (Bild 7.6).

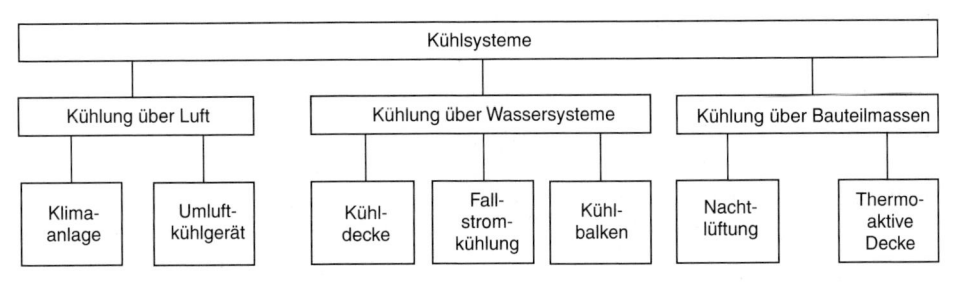

Bild 7.6. Kühlsysteme

Grundsätzlich unterscheiden sich die Kühlsysteme nach dem Kühlmedium – in der Regel Luft oder Wasser – und den Anteilen ihrer konvektiven und radiativen Wärmeabgabe.

7.2.1 Anforderungen

Wichtigstes Kriterium ist die zugfreie Einbringung der Luft in die Räume. Zugerscheinungen ergeben sich aus zu hohen Raumluftgeschwindigkeiten und lokal zu niedrigen Temperaturen. Abhängig von den Komfortansprüchen liegt in Büroräumen der Grenzwert der zulässigen Luftgeschwindigkeit bei 0,15 m/s. Die Temperaturdifferenz darf 2 K – 3 K zur mittleren Raumlufttemperatur nicht übersteigen. Die behaglichkeitsspezifischen Grenzen führen zu einer bewältigbaren Kühllast von maximal 80 W/m^2 bis 100 W/m^2.

7.2.2 Passive Kühlung – Nachtlüftung

Hohe Speichermassen wirken sich positiv auf die thermische „Stabilität" von Räumen und Gebäuden aus. Massive ungedämmte Decken und Wände nehmen tagsüber einen großen Teil der Wärme auf. In den Nacht- und Morgenstunden wird die eingespeicherte Wärme durch intensive Lüftung mit kühler Außenluft wieder abgeführt. Dabei muss im Mittel eine Nachttemperatur unter 16 °C herrschen, ein mindestens vierfacher Luftwechsel gewährleistet sein und 6–8 Stunden gelüftet werden können (Bild 7.7). Mit der passiven Kühlung können die Temperaturspitzen während der Nutzungszeit verringert werden. Außerdem wird vermieden, dass in einer Periode warmer Tage die Raum- bzw. Gebäudetemperatur zu stark ansteigt. Soll dieses System wirksam eingesetzt werden, sind automatisch gesteuerte Öffnungen vorteilhaft. Die Öffnungen müssen witterungs- und einbruchsicher geschützt sein. Bei vielen Gebäuden kann durch eine konsequente Nachtlüftung auf eine maschinelle Kühlung verzichtet werden.

7.2.3 Stille Kühlung

Kennzeichnend für Systeme der stillen Kühlung ist die Wärmeabfuhr mittels wasserdurchflossener Bauteile, die an Decken oder Wänden installiert sein können. Die Kälteabgabe erfolgt dabei systemabhängig in unterschiedlichen Anteilen durch Strahlung und Konvektion. Wärmephysiologische Kriterien begrenzen dabei die abführbare Kühllast auf etwa 80 W/m^2 bis 100 W/m^2. Um die Taupunkttemperatur bei Kühldecken zu senken und um den zusätzlichen Wärmeeintrag zu reduzieren, wird die Frischluft in der Regel vorkonditioniert eingebracht. Es wird nur der hygienisch

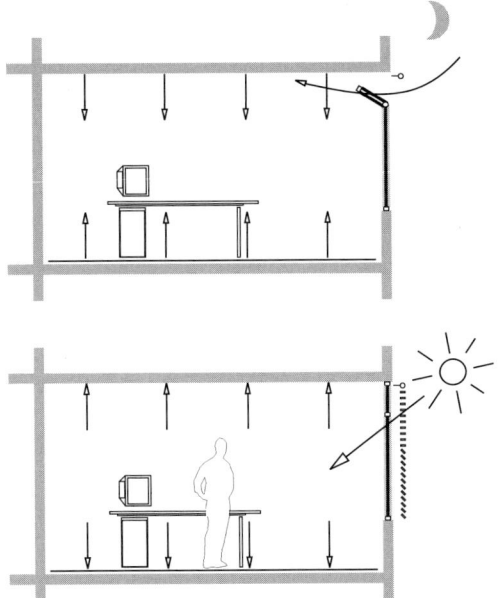

Bild 7.7. Passive Kühlung durch Nachtlüftung. Nacht: Kaltluft, Oberlichter geöffnet, Entladung der Bauteile; Tag: Einspeicherung der Wärme

erforderliche Grundluftwechsel eingebracht, der in Büroräumen abhängig von der geplanten Belegungsdichte ist. Räume mit stillen Kühlsystemen können auch natürlich über die Fenster gelüftet werden. In diesem Fall sind geeignete Regeleinrichtungen erforderlich, die einen möglichen Tauwasserausfall an den Kühlflächen durch eine Unterbrechung des Kühlmittelstroms oder eine Erhöhung der Vorlauftemperatur verhindern. Durch diese notwendigen Regeleinrichtungen kann temporär die Kühlleistung sinken, wodurch die Raumtemperatur ansteigen wird.

Systeme zur stillen Kühlung sind im Vergleich zu Klimaanlagen billiger und erfordern einen geringeren Energieaufwand. Die benötigten Technikflächen sowie der erforderliche Platzbedarf für die Verteilung sind erheblich kleiner.

Kühldecken

Kühldecken gibt es in unterschiedlichen Ausführungsarten, die sich in der Art ihrer Wärmeabgabe unterscheiden. Bei den „geschlossenen Kühldecken" wird eine Hinterlüftung mit Raumluft ausgeschlossen und dadurch der Strahlungsanteil der Decke hoch gehalten. Man spricht deswegen auch von Strahlungsdecken. Die Kühlelemente liegen dabei z. B. eingeputzt direkt an der Rohdecke oder in abgehängten Montagedecken. Diese können als Putz-, Gipskarton-, geschlossene Metallpaneel- oder Metallkassettendecken ausgeführt sein. Die „offene Kühldecke" lässt eine Hinterlüftung mit Raumluft zu. Dadurch steigt mit dem Konvektionsanteil die Kühlleistung. Kühldecken können auch mit anderen Funktionen wie Beleuchtung und Akustik kombiniert werden (Bilder 7.8 und 7.9).

Kühldecken sind sinnvoll einzusetzen, wenn hohe Anforderungen an den thermischen Komfort gestellt werden.

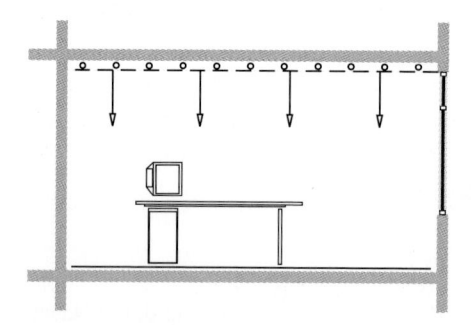

Bild 7.8. Kühldecke mit hohem Strahlungsanteil

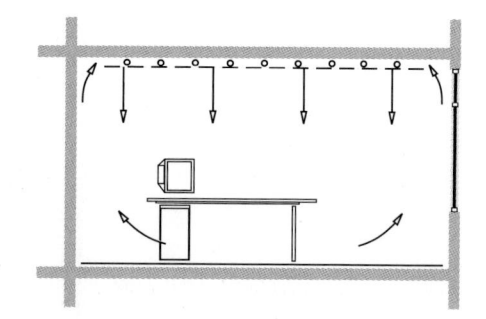

Bild 7.9. Kühldecke mit hohem Konvektionsanteil

Fallstrom-/Schwerkraftkühlung

Die Fallstromkühlung basiert auf dem Dichteunterschied der Luft bei verschiedenen Temperaturen. Dabei werden im Deckenbereich wasserdurchflossene Elemente installiert, die die warme Luft abkühlen. Aufgrund der Schwerkraft fällt die Luft nach unten und strömt in Bodennähe abgekühlt in den Raum. Der Lufteintritt kann noch an der Wand oder durch einen Doppelboden und einen Quellluftauslass geschehen (Bild 7.10). Wichtig ist bei diesem Prinzip der zugfreie Lufteintritt in den Raum. Das System der Schwerkraftkühlung funktioniert auch ohne Schacht. Die Raumluft wird direkt an wandmontierten Kühlkörpern (Kühlradiatoren) oder deckenmontierten Bauteilen (Kühlbalken) abgekühlt (Bild 7.11).

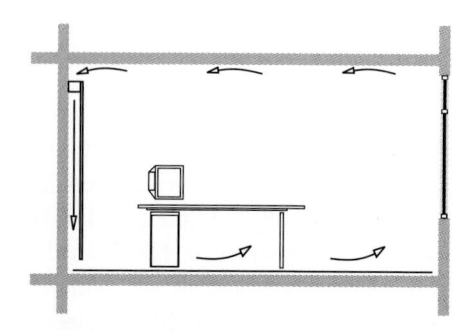

Bild 7.10. Fallstromkühlung (Wandelement)

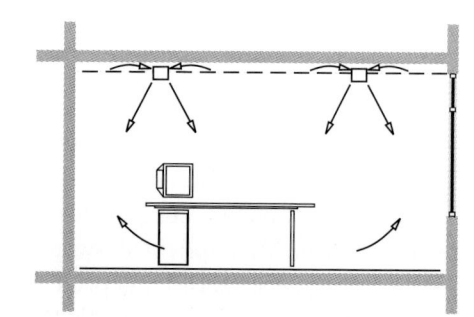

Bild 7.11. Fallstromkühlung (Kühlbalken)

7.2.4 Thermoaktive Bauteile

Als thermoaktive Bauteile werden massive Wände und Decken bezeichnet, die mittels wasserdurchströmten Rohren gekühlt bzw. beheizt werden können und somit das thermische Raumklima beeinflussen. Der konstruktive Aufbau bedingt eine thermische Ankopplung an die Masse der Konstruktion, die somit als Zwischenspeicher genutzt werden kann. Der Hauptunterschied zu Kühldecken liegt im wesentlich trägeren Regelverhalten und der begrenzten übertragbaren Kühlleistung von etwa 30 W/m^2 bis 40 W/m^2. Aus Behaglichkeitsgründen und zum Schutz vor Tauwasserbildung auf der Oberfläche der gekühlten Bauteile liegt im Kühlfall die Oberflächentemperatur 3 K – 4 K unter der Raumtemperatur.

7.3 Luftgeführte Systeme zum Heizen und Kühlen

Sowohl die im Winter benötigte Wärme als auch die erforderliche Kälte im Sommer können über Luft eingebracht werden. Auf zusätzliche statische Heiz-/Kühlflächen kann bei solchen (Teil-)Klimaanlagen verzichtet werden. Diese Anlagen weisen gegenüber Systemen, bei denen die Funktionen Lüften und Heizen sowie Kühlen getrennt sind, einige Nachteile auf.

Um die gleiche Energiemenge zu transportieren, benötigt der Betrieb einer Lüftungsanlage aufgrund der hohen Ventilatorleistung etwa dreimal soviel Energie wie bei einem wassergeführten System. Die zu transportierende Luftmenge ist dabei meist um ein Vielfaches höher als die hygienisch erforderliche Außenluftmenge. Wenn in den Übergangszeiten natürlich gelüftet werden kann, trotzdem aber ein Wärmebedarf besteht, erweisen sich Heizflächen als sinnvolleres Wärmeübergabesystem. Energetisch ungünstig ist auch der Teillastbetrieb in der Übergangszeit, in der eine raumlufttechnische Anlage mit sehr schlechtem Wirkungsgrad arbeitet. Da Büros oftmals außerhalb der Nutzungszeit Heizwärme benötigen, ist eine Systemtrennung zwischen Lüftung und Energietransport in den meisten Fällen sinnvoll.

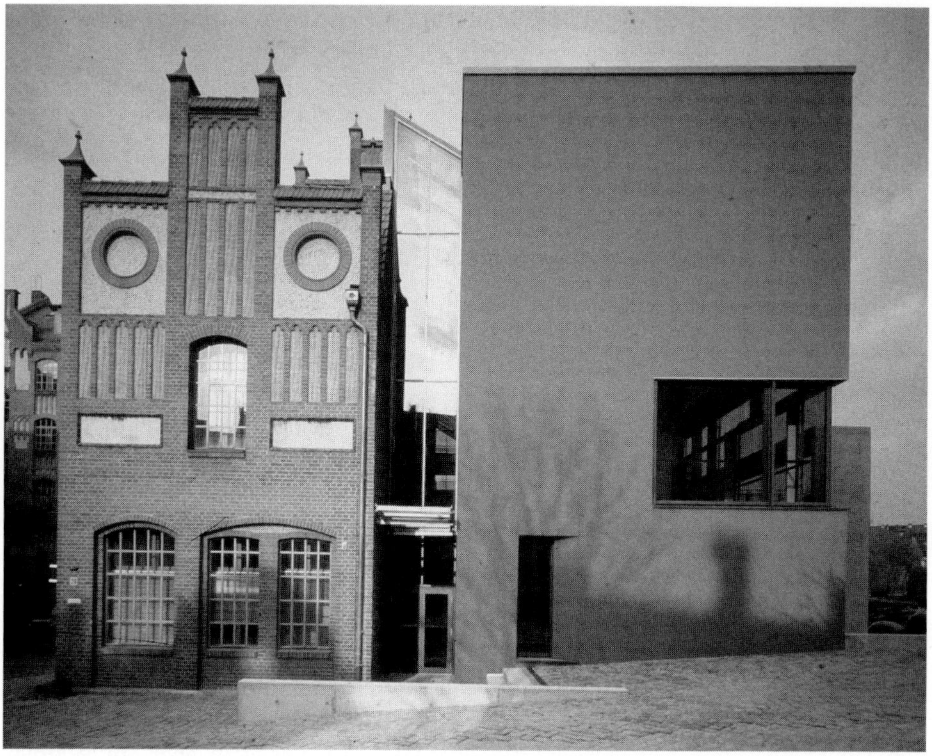

8 Bauteilaktivierung

In den letzten Jahren sind Thermoaktive Decken (TAD) besonders aktuell geworden. Sie bieten ein angenehmes Raumklima, sind einfach und kostengünstig zu realisieren und wirken sich auf den Energieverbrauch vorteilhaft aus. Im Gegensatz zu Kühldecken oder zu Fußbodenheizungen wird bei einer Thermoaktiven Decke die Masse der Deckenkonstruktion mit temperiert. Dadurch wirkt der Beton als thermische Speichermasse und es kann ohne großen Kostenaufwand eine thermische Phasenverschiebung realisiert werden. Dies ermöglicht es, kühle Nachtluft für die Kühlung am Tage zu verwenden. Zudem können Lastspitzen ausgeglichen werden, um Kältequellen geringerer Leistung oder geringerer Temperaturdifferenz einsetzen zu können. Flächenheizsysteme stehen in enger Wechselwirkung mit der Nutzung, der Energieversorgung und dem Gebäude. Die Planung von TADs darf nicht für sich betrachtet erfolgen, sondern es müssen alle Wechselwirkungen und Systemzusammenhänge mit dem Gebäude, der Gebäudetechnik sowie der Nutzung einbezogen werden (Bild 8.1).

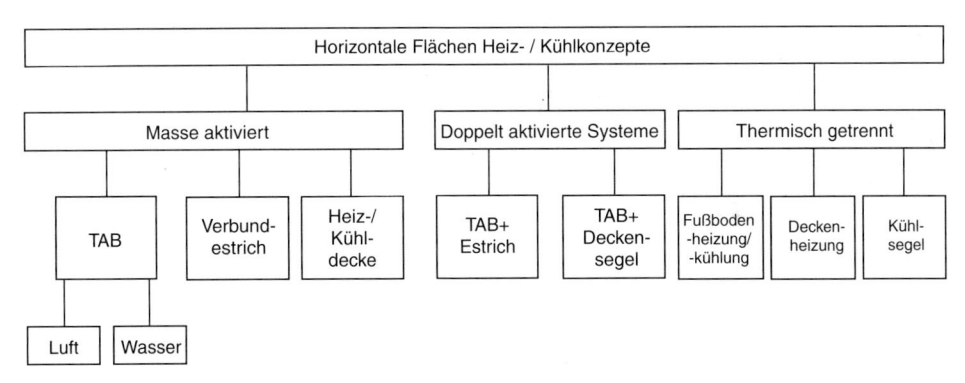

Bild 8.1. Flächenheiz- und Kühlsysteme

8.1 Behaglichkeitsspezifische Rahmenbedingungen

Zunächst ist zu prüfen, ob funktionale und nutzungsspezifische Anforderungen eine Raumklimatisierung über Flächen ermöglichen. Der Mensch wünscht sich im Winter Raumlufttemperaturen von ca. 21 °C, im Sommer bis zu 24 °C. Der Temperaturgradient im Raum sollte nicht mehr als 3 K/m Höhe betragen, die Oberflächentemperaturen der Raumumschließungsflächen nicht mehr als 3 K von der Lufttemperatur abweichen. Die operative Temperatur, die Temperatur, die der Mensch wahrnimmt, ergibt sich aus dem Mittelwert zwischen Raumlufttemperatur und der Temperatur der Raumumschließungsflächen. Insofern können die Oberflächentemperaturen zu hohe oder zu niedrige Lufttemperaturen in gewissen Grenzen ausgleichen.

Werden Deckenflächen zur Kühlung benutzt, so kann die Oberflächentemperatur 16 °C betragen, bei Bodenkühlung darf sie 18 °C nicht unterschreiten. Bei der Heizung über den Fußboden liegt die maximale Temperatur bei 29 °C, bei Deckenheizung bei etwa 27 °C.

8.2 Funktionsprinzip einer Thermoaktiven Decke

Aufgrund der Energieübergabe über die Decke und den Boden steht die doppelte wärmeübertragende Fläche zur Verfügung. Deshalb genügen im Kühl- und im Heizfall geringe Temperaturdifferenzen zwischen Oberflächen- und Raumlufttemperatur. Es ergibt sich ein behagliches Raumklima und die Energieabgabe kann durch den Selbstregeleffekt eingestellt werden. Massenstrom und Vorlauftemperatur werden beispielsweise so geregelt, dass die Oberflächentemperaturen bei konstant 22 °C liegen. Liegt die Raumlufttemperatur höher, so wirkt die TAD als Kühlfläche, liegt sie darunter, so gibt die TAD Wärme ab (Bild 8.2).

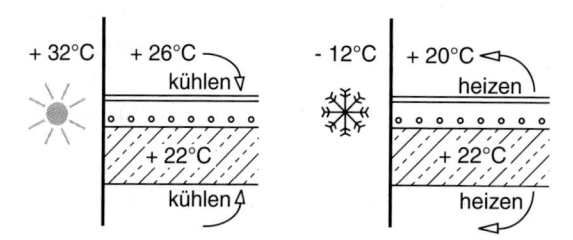

Bild 8.2. Energieübergabe bei Thermoaktiven Decken im Heiz- und Kühlfall

8.3 Leistung von Thermoaktiven Decken

Thermoaktive Decken haben eine geringe flächenbezogene Leistung, da zur Erzielung des Selbstregeleffekts im Heizfall nur geringe Übertemperaturen möglich sind und im Kühlfall der Taupunkt die möglichen Untertemperaturen begrenzt. Zudem ist die minimale Temperatur auf der Bodenfläche aus Behaglichkeitsgründen begrenzt. Im Gegensatz dazu können Kühldecken aufgrund der individuellen Regelung mit niedrigeren Systemtemperaturen betrieben werden und verfügen deshalb über eine höhere Kühlleistungsdichte (Bild 8.3).

	Wärmeübergang [W/m² K]	Leistung [W/m²]
Boden, Kühlung	7	21
Boden, Heizung	11	33
Decke, Kühlung	11	33
Decke, Heizung	6	18
Kühlung gesamt	18	54
Heizung gesamt	17	51

Bild 8.3. Leistung von Thermoaktiven Decken bei einer Oberflächentemperatur von konstant 23 °C

8.4 Konstruktionen von Thermoaktiven Decken

In einer Thermoaktiven Decke verlaufen die Rohre zwischen unterer und oberer Bewehrung in der statisch neutralen Zone (Bild 8.4 links). Durch die thermische Aktivierung des Betons steht diese Masse als thermischer Speicher zur Verfügung. Die Speicherwirkung bewirkt eine entsprechende thermische Trägheit. Um eine Energieabgabe an der Deckenoberseite zu ermöglichen, kann keine Trittschalldämmung eingebaut werden. Der Trittschallschutz muss dann über den Bodenbelag (in der Regel Teppich) erfolgen. Die Energieabgabe nach unten darf nicht durch eine abgehängte Decke behindert werden.

Die Rohre können auch in den Verbundestrich eingebracht werden (Bild 8.4 mitte). Dadurch ergeben sich Vereinfachungen im Bauablauf, da die Gewerke Rohbau und Innenausbau getrennt werden. Zudem kann in einem Schadensfall eine Reparatur leichter durchgeführt werden.

Eine weitere Möglichkeit ist die Einbringung von zwei Rohrebenen, eine im Estrich und eine in der Deckenkonstruktion (Bild 8.4 rechts). Die Trittschalldämmung bewirkt dann eine thermische Trennung zwischen den Ebenen. Auf diese Weise

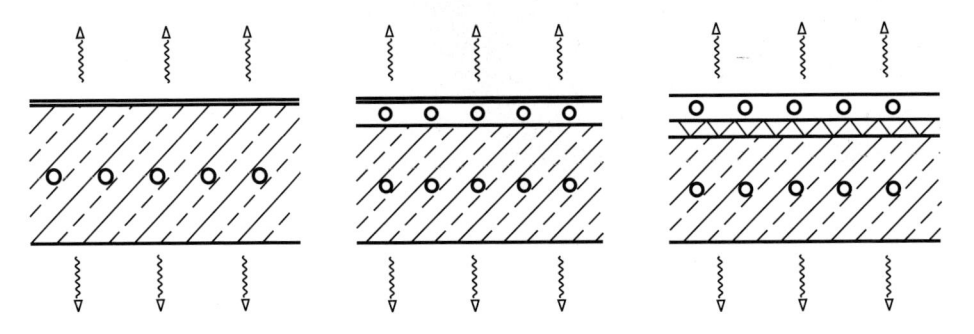

Bild 8.4. Konstruktionsarten von Thermoaktiven Decken

Bild 8.5. Verlegen der Rohrschlangen zwischen den Bewehrungslagen

Bild 8.6. Betoniervorgang, vor dem die Rohre abgedrückt werden müssen

können die beiden Schichten unabhängig voneinander betrieben werden. Dadurch erhöht sich die Regelbarkeit, da die Estrichebene eine geringere thermische Trägheit aufweist.

8.5 Regelstrategien

Eine Möglichkeit TAD zu regeln besteht darin, die Rücklauftemperatur als Referenzgröße zu nehmen. Dazu wird das Wasser mit 10 % des Massenstromes umgewälzt. Am Rücklauf lässt sich dadurch die Deckentemperatur messen. Liegt diese unter 21 °C, so wird der Massenstrom auf 100 % gesetzt und der Decke Heizwärme zugeführt. Erreicht der Rücklauf und somit die Decke 23 °C, so wird der Massenstrom wieder auf 10 % gesetzt. Steigt die Deckentemperatur weiter auf 23,5 °C so wird der Massenstrom wieder auf 100 % gesetzt und es wird der Decke Wärme entzogen (Bilder 8.7 und 8.8).

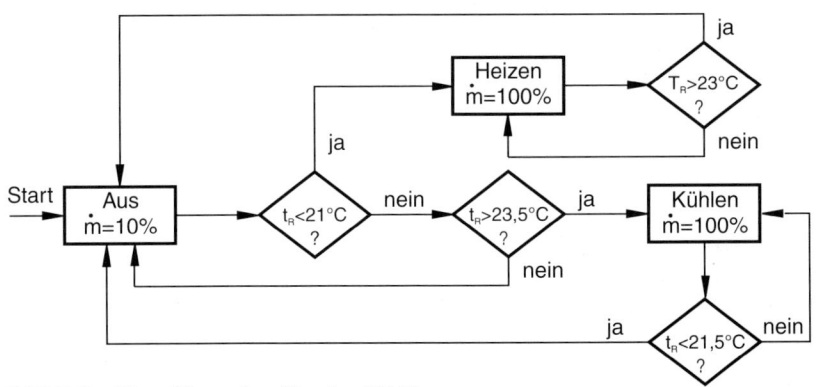

Bild 8.7. Signalflussplan für eine TAD

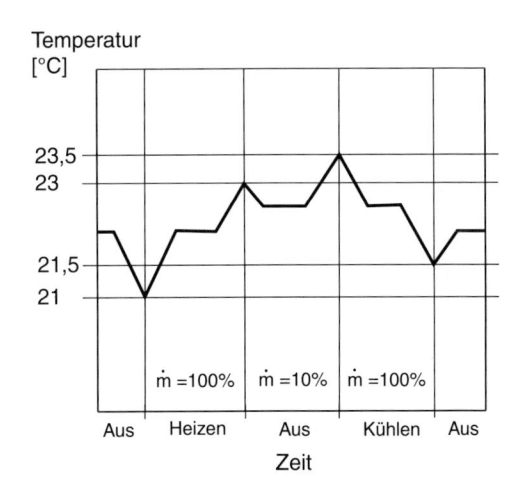

Bild 8.8. Regelsignale in Abhängigkeit des Temperaturverlaufes

8.6 Kälte- und Wärmequellen für TAD

Aufgrund der geringen erforderlichen Temperaturdifferenzen eignen sich bei TADs natürliche Kältequellen wie Grundwasser, Erdpfähle oder Sohlplatten. Die Phasenverschiebung durch die Speichermasse ermöglicht auch die nächtliche Rückkühlung. Bei ungenügender natürlicher Kälte kann auch eine Kältemaschine eingesetzt werden. Die niedrigere Vorlauftemperatur ermöglicht einen diskontinuierlichen Massenstrom, wodurch sich gewisse Einsparungen bei der Antriebsenergie ergeben. Die Phasenverschiebung ermöglicht es, auch in der Nacht nicht genutzte Kältemaschinen zu nutzen, so dass die installierte Leistung ggf. nicht erhöht werden muss.

Im Heizfall können Wärmeerzeuger mit niedrigen Systemtemperaturen wie Wärmepumpen oder Brennwertkessel aufgrund der extrem niedrigen Vorlauftemperaturen von TADs besonders effizient eingesetzt werden. Ist ein Abluftsystem vorhanden, kann der Abluft Energie entzogen und in die TAD eingespeichert werden. Soweit vorhanden, lässt sich auch Niedertemperaturabwärme nutzen.

8.7 Nachteile Thermoaktiver Decken

Aufgrund der begrenzten Leistung, der Trägheit, der geringen Regelbarkeit sowie der Erfordernis, dass die TAD thermisch an den Raum angekoppelt werden müssen, können sich folgende Probleme ergeben.

8.7.1 Kaltluftabfall

Bei hohen Fassaden oder bei Fassaden mit geringem Wärmeschutz sowie bei der Einbringung kalter Außenluft über die Fassade stellt sich Kaltluftabfall an der Außenhülle ein. Thermoaktive Decken können diesem nur gering entgegenwirken. Eventuell können die Rohrabstände in Fassadennähe reduziert werden, wodurch sich die Wärmeabgabe in diesem Bereich erhöht. Oftmals müssen jedoch zusätzliche fassadennahe Wärmequellen, wie z. B. Rippenrohre oder Unterflurkonvektoren, vorgesehen werden.

8.7.2 Raumakustik und Trittschall

Thermoaktive Decken erfordern die ungestörte thermische Anbindung von Fußboden und Decke. Dadurch ergeben sich große schallharte Flächen, welche die Raumakustik verschlechtern. Mit einer entsprechenden Möblierung und partiell abgehängten Akustikelementen kann diesem Problem abgeholfen werden.

Das Fehlen einer Trittschalldämmung bei thermoaktiven Decken muss durch den Bodenbelag ausgeglichen werden. Dadurch wird in der Regel nur eine geringere Trittschalldämmung erreicht. Zudem ist der Teppichboden aus Sicht der Raumluftqualität oftmals nicht gewünscht.

8.7.3 Doppelböden und abgehängte Decken

Bürogebäude sind mit vielen EDV- und Kommunikationseinrichtungen ausgerüstet, welche einem kontinuierlichen Wandel unterliegen. Neue Arbeitsformen und flexible Bürostrukturen erfordern eine schnelle Um- und Nachrüstbarkeit. Dafür eignen sich Installationszonen in einer untergehängten Decke und insbesondere in einem Hohlraumboden am besten. Diese vermindern jedoch die Leistungsabgabe einer TAD. Bei Hohlraumböden ist dieser Effekt nicht ganz so störend, da im Kühlfall eine geringere Leistungsabgabe über den Boden behaglicher ist.

8.7.4 Regelung

Aufgrund der hohen Masse sind Thermoaktive Decken begrenzt regelbar. Typischer Weise sind bei einer Thermoaktiven Decke die Kreise nach der Gebäudeorientierung aufgeteilt und verlaufen über Raumgrenzen hinweg. Dadurch kann der Nutzer kein individuelles Raumklima einstellen. Ist eine individuelle Regelung erwünscht, so sind kleine Nachheizradiatoren erforderlich.

Wegen der Wärme- bzw. Kälteabgabe nach oben und unten ist eine Einzelraumregelung ebenfalls nicht möglich. Weiterhin kann eine detaillierte Abrechnung der Energiekosten, z. B. bei unterschiedlichen Mietern, zwischen den Geschossen nicht durchgeführt werden.

8.8 Kosten und Wirtschaftlichkeit

Ein Vorteil von Thermoaktiven Decken liegt in der hohen Wirtschaftlichkeit, neben geringeren Betriebs- und Wartungskosten vor allem im niedrigen investiven Aufwand. Da mit einer TAD Kühlung und Grundheizung abgedeckt werden können und eine Kühldecke aufgrund der aufwändigeren Konstruktion sowie der erforderlichen Einzelraumregelung ca. dreimal so teuer ist, ergeben sich erhebliche Einsparpotentiale (Bild 8.9).

	konv. System	TAD
Heizkörper	30 €/m^2	20 €/m^2
TAD	–	65 €/m^2
Kühldecke	200 €/m^2	–
Lüftungsanlage	30 €/m^2	30 €/m^2
gesamt	260 €/m^2	115 €/m^2

Bild 8.9. Kostenvergleich Thermoaktive Decke und konventionelle Raumklimatisierung

9 Integration von Technik

Gebäude benötigen technische Anlagen, um den Anforderungen der Nutzung gerecht zu werden. Dabei hängt der erforderliche technische Aufwand von zahlreichen Parametern des Gebäudes, des Klimas und den Nutzeransprüchen ab (Bild 9.1).

In vielen Fällen wird die Ver- und Entsorgung eines Gebäudes mit Luft, Wärme und Wasser zentral organisiert. Die Unterbringung der dazu benötigten Zentralen und die Leitungsführung bedingen einen hohen Platzbedarf und haben gestalterische Auswirkungen auf das Gebäude. Verschiedene technische Lösungsansätze gilt es gegeneinander abzuwägen, da sie sich im Platzbedarf und finanziellen Aufwand unterscheiden.

Flächenabschätzungen für Zentralen und Verteilung können bereits in den frühesten Entwurfsphasen über prozentuale Anteile der zu versorgenden Nutzfläche erfolgen. Mit zunehmendem Planungsfortschritt ist es möglich, den Platzbedarf für gebäudetechnische Anlagen genauer zu bestimmen. Die Planungspraxis zeigt, dass oftmals im Entwurf zu kleine Technikflächen vorgesehen werden. In der Ausführung hat dies meist technisch sowie wirtschaftlich aufwändige „Notlösungen" zur Folge.

Bild 9.1. Technikzentrale im Untergeschoss

9.1 Lage von Technikzentralen im Gebäude

In größeren Gebäuden werden die einzelnen technischen Gewerke in Zentralen organisiert. Grundsätzlich können verschiedene Zentralen kombiniert werden. Nur Heizungs- und Lüftungszentralen müssen aus Brandschutzgründen getrennt werden. Technikzentralen können an verschiedenen Stellen im Gebäude vorgesehen werden. Dabei stellen die Nähe zu den Verbrauchern, die Zentralenart sowie die Anbindung an die öffentlichen Ver- und Entsorgungssysteme wichtige Einflussfaktoren dar.

9.1.1 Heizräume

Nach Feuerungsverordnung sind separate Heizräume für Feuerstätten zur zentralen Beheizung oder Warmwasserbereitung eines Gebäudes mit einer Nennwärmeleistung von 50 kW und mehr erforderlich. Weiterhin werden in dieser Verordnung unterschiedlichste Anforderungen an Heizräume formuliert.

Die Anordnung des Heizraums im Gebäude ist für den baulichen und installationstechnischen Aufwand von Bedeutung.

Entscheidende Einflussfaktoren sind dabei die Verbrennungsluftzufuhr, Brennstoffbeschickung (wichtig bei Festbrennstoffen), Rauchgasabführung, Anbindungsmöglichkeiten zu Hauptverbrauchern, Einbring- und Austauschmöglichkeit von Anlagenteilen, Brand- und Schallschutz sowie sicherheitstechnische und statische Anforderungen.

Unterbringung im Untergeschoss

In den meisten Fällen werden Heizzentralen im Keller untergebracht. Insbesondere bei festbrennstoffbeschickten Kesselanlagen ist dies aufgrund der erforderlichen Nähe zum Brennstofflager notwendig. Übergabestationen in fernwärmeversorgten Gebäuden werden ebenfalls in straßenseitig gelegenen Kellerräumen angeordnet, um Anbindungswege kurz zu halten.

Vorteilhaft bei Heizzentralen im Keller ist die meist unproblematische horizontale Verteilung an der Kellerdecke. Zur Montage einzelner Anlagenteile sind Einbringöffnungen entsprechender Größe vorzusehen, die auch zum späteren Austausch einzelner Anlagenteile genutzt werden können (Bild 9.2).

Dachheizzentralen

Besonders bei hohen Gebäuden weisen Dachheizzentralen wesentliche Vorteile auf. Hochwertige Kellerflächen werden nicht von Installations- und Anlagentechnik belegt und können anderweitig genutzt werden. Auf einen Schornstein wird bei dieser

9.1 Lage von Technikzentralen im Gebäude   113

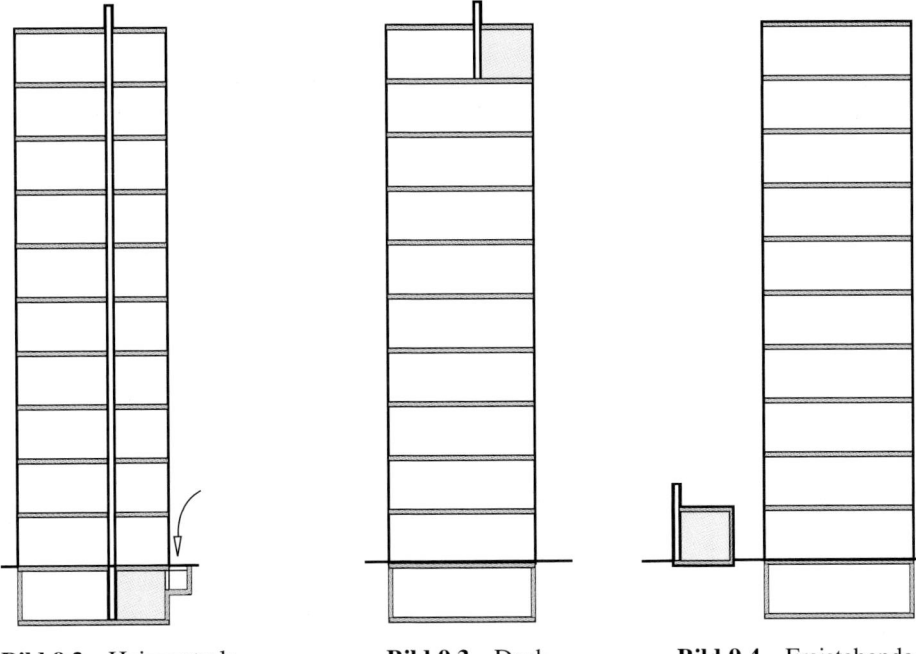

Bild 9.2. Heizzentrale im Untergeschoss

Bild 9.3. Dachheizzentrale

Bild 9.4. Freistehende Heizzentrale

Zentralenlage verzichtet, wodurch weiterer Flächenverbrauch in den Geschossen vermieden wird. Zur Rauchgasabführung wird lediglich ein kurzer Abgasstutzen benötigt. Allerdings müssen Wärmeerzeuger eingesetzt werden, die keinen natürlichen Schornsteinzug mehr benötigen.

Sicherheitsanforderungen wie öldichte Wannen, Feuchtigkeitsabdichtungen und Schallschutzmaßnahmen sowie statische Anforderungen bewirken jedoch einen höheren konstruktiven Aufwand (Bild 9.3).

Freistehende Heizzentralen

Für sehr große Gebäude bzw. Gebäudegruppen bietet sich der Einsatz von freistehenden Heizzentralen an. Der Wärmeerzeuger wird in einem separaten Gebäude aufgestellt, wodurch Schall- und Brandschutzanforderungen ohne zusätzliche Vorkehrungen eingehalten werden können. Die Anbindungswege zum Brennstofflager und zu den Verbrauchern sollten möglichst kurz sein. Von Nachteil sind der in der Regel höhere Aufwand für die Wärmeverteilung sowie die damit verbundenen Wärmeverluste (Bild 9.4).

9.1.2 Lufttechnikzentralen

Von allen Technikzentralen eines Gebäudes erfordern RLT-Zentralen den größten Platzbedarf. Weitere wichtige Kriterien sind die möglichst kurzen Anbindungswege zu Heiz- und Kältezentralen sowie die Möglichkeit der Wärmerückgewinnung. Abhängig von der Gebäudehöhe können mehrere RLT-Zentralen erforderlich sein, da je nach Anlagenart nur eine bestimmte Geschosszahl – z. B. bei Niederdruckanlagen etwa zehn Geschosse – von einer Zentrale aus versorgt werden kann. Für Lüftungszentralen bieten sich nachfolgend beschriebene Anordnungen an (Bild 9.5).

	Vorteile	Nachteile
Oberstes Geschoss	+ hohe Abschirmung von Geräuschen oder Erschütterungen + kurze Außenluftanbindung	- Erdkanal nicht möglich - große Schachtquerschnitte erforderlich - Last der Zentrale für das Baugefüge
Zwischengeschoss	+ geringe Schachtquerschnitte + Außenluftansaugung nicht in Bodennähe + auch seitliche Fortluftführung möglich + sehr günstige Variante für Hochhäuser	- erhöhte schalldämmende Maßnahmen erforderlich
Untergeschoss	+ hohe Abschirmung von Geräuschen oder Erschütterungen + Gewicht der Zentrale von geringer Bedeutung + erleichterte Montage + Erdkanal kann leicht eingebunden werden	- große Schachtquerschnitte
Untergeschoss mit zusätzlicher Fortluftzentrale auf dem Dach	+ räumliche Entlastung des Kellergeschosses + geringe Schachtquerschnitte	- Last der Zentrale für das Baugefüge

Bild 9.5. Vergleich der Anordnung von RLT-Anlagen im Gebäude

Lüftungszentrale im Untergeschoss

Die ansonsten aufwändige Außenluftansaugung bei Lüftungszentralen im Untergeschoss bietet im Zusammenhang mit einem Erdreichkanal auch Vorteile. Da die Erdreichtemperatur im Jahresverlauf weitgehend konstant ist, kann die Außenluft im Sommer vorgekühlt und im Winter etwas erwärmt werden. Konstruktiv ergeben sich in der Summe große Schachtquerschnitte, insbesondere wenn die Fortluft über Dach geführt werden muss. Wärmerückgewinnung mittels Platten- oder Rotationswärmetauschern ist dagegen einfach zu realisieren. Montage, Wartung und Schallschutz sind bei dieser Zentralenanordnung problemlos zu bewältigen (Bild 9.6).

9.1 Lage von Technikzentralen im Gebäude   115

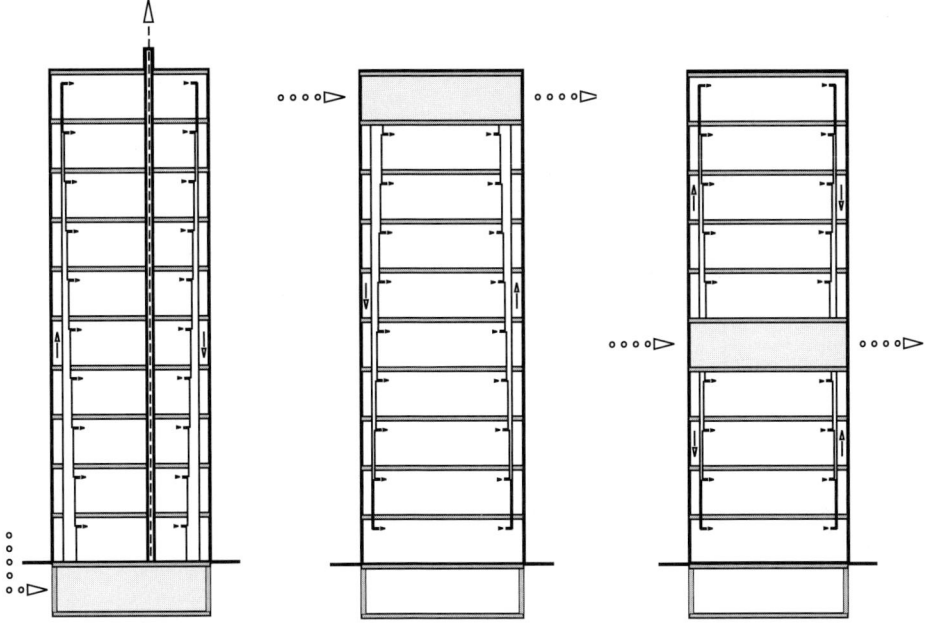

Bild 9.6. Lüftungszentrale im Untergeschoss

Bild 9.7. Dachlüftungszentrale

Bild 9.8. Lüftungszentrale in einem Zwischengeschoss

Lüftungszentrale im Dachgeschoss

Im Dachgeschoss kann die Außenluft auf kürzestem Weg angesaugt werden. Zusätzliche Vorteile ergeben sich durch die Anordnung von Heiz- und Kältezentralen im Dachgeschoss, da in diesem Fall Leitungswege kurz gehalten werden und Kellerräume anderweitigen Nutzungen zur Verfügung stehen. Schallschutz und Statik erfordern bei dieser Zentralenanordnung einen höheren Aufwand. Zudem müssen sowohl die Einbringung als auch der Austausch von Anlagenteilen in die Planung mit einbezogen werden (Bild 9.7).

Lüftungszentrale im Zwischengeschoss

Für die Unterbringung in einem Zwischengeschoss wird man sich bei höheren Gebäuden entscheiden, wenn eine Lüftungszentrale im Unter- oder Dachgeschoss nicht zur Versorgung ausreicht. Bei Hochhäusern können Lüftungszentralen in mehreren Zwischengeschossen erforderlich sein. Dabei kann bei Bedarf auf unterschiedliche Anforderungen diverser Gebäudeabschnitte gemäß ihrer Nutzung differenziert eingegangen werden. Die Außenluftansaugung sowie die Fortluftführung wird in der Regel in der Geschossebene erfolgen. Nachteilig zeigen sich bei dieser Anordnung vor allem Montage, Statik und Schallschutz (Bild 9.8).

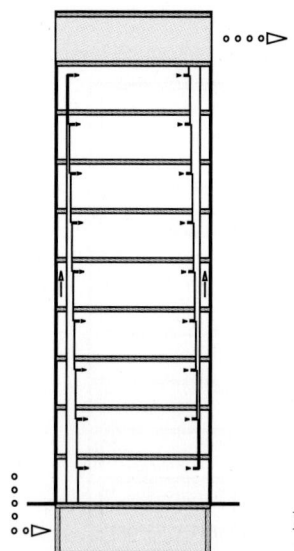

Bild 9.9. Zuluft im Untergeschoss, Abluftzentrale im Dach

Zuluft im Keller, Abluft im Dachgeschoss

Sinnvoll ist eine Zuluftzentrale im Untergeschoss auch in Kombination mit einer Abluftführung über das Dachgeschoss. Die sich nach oben verjüngenden Zuluftkanäle und verbreiternden Abluftkanäle ermöglichen eine über die Gebäudehöhe konstante Schachtquerschnittsfläche. Die Wärmerückgewinnung kann aufgrund der räumlichen Trennung zwischen Außen- und Fortluftstrom nur durch eine Wärmepumpe oder ein Kreislaufverbundsystem erfolgen (Bild 9.9).

9.1.3 Kältezentralen

Kältezentralen können mit Wärmezentralen gekoppelt werden. Auch ein gemeinsamer Raum für Kälte- und Lüftungszentrale ist möglich. Kurze Anbindungswege zwischen den beiden Zentralen und einem vorhandenen Rückkühlwerk sind von Vorteil.

Am einfachsten sind Montage und Wartung bei Kälteräumen im Erdgeschoss zu bewältigen. Nachteilig ist der hohe Platzverlust für übergeordnete Nutzungen. Für die übliche Unterbringung im Untergeschoss sind Transport- und Montageplanung aufwändig. Luftabsaugung in Fußhöhe und eine allgemein gute Durchlüftung sollen Gefahren durch austretende Kältemittel vermeiden.

Grundsätzlich erfordert die Lagerung der Kältemaschinen und Hauptpumpen auf den Fundamenten eine schwingungsfreie Ausführung.

Rückkühlwerke werden im Regelfall auf dem Dach angeordnet. Im Keller würde neben dem Schallschutzproblem ein unvertretbar hoher Platzbedarf entstehen.

9.2 Verteilung der Installationen

Heutzutage wird der Großteil der Bürogebäude in Skelettbauweise ausgeführt. Das damit verbundene Potential einer späteren Nutzungsänderung und die allgemeine Variabilität sollten auch durch die Installationsführung nicht eingeschränkt werden.

9.2.1 Vertikale Leitungsschächte

Die Erschließung der Geschosse erfolgt meist über vertikale Steigschächte, die an den Gebäudekernen angeordnet sind. In diesen Schächten werden alle Leitungen zur Ver- und Entsorgung zusammengefasst. Zusätzlich können diese Kerne weitere Aufgaben wie die Integrierung der Nassräume übernehmen.

Bei höheren Gebäuden meist ab drei Vollgeschossen werden Brandschutzanforderungen an die durchgehenden Schächte gestellt, um eine Übertragung von Feuer und Rauch zu verhindern. Dazu genügen horizontale Abschottungen oder eine Ausführung als eigener Brandabschnitt den Ansprüchen der Landesbauordnungen. Zusätzlich sind wasserführende Schächte und Elektroleitungen getrennt zu führen.

9.2.2 Horizontale Verteilung

Die Planung der horizontalen Leitungstrassen von den Schächten zu den Verbrauchern steht in engem Zusammenhang mit der jeweiligen Tragstruktur. Leitungen mit großen Querschnitten sind parallel zur Lage der Hauptträger bzw. Unterzüge in abgehängten Decken zu verlegen. Mit kleineren Querschnitten können diese in Bereichen, in denen das Feldmoment gering ist, auch durchfahren werden. Die horizontale Leitungsführung im Brüstungsbereich bietet gute Anbindungsoptionen bei Heizkörpern und Lüftungssystemen. Aufgeständerte Böden sind eine Lösung für unterseitige Geräteanschlüsse und Raumbelüftung über den Fußboden (Bild 9.10).

9.3 Platzbedarf von Zentralen und Installationen

Für die Summe der erforderlichen Technikflächen eines Bürogebäudes können im allerersten Ansatz etwa 10 % der Nutzfläche veranschlagt werden. Zur weiteren Konkretisierung kann aus Bild 9.11 eine ungefähre Größenordnung der benötigten Flächen aufgeteilt nach den verschiedenen Zentralen entnommen werden. Flächen

Bild 9.10. Horizontale Verteilung an der Kellerdecke

Zentralenart	Flächenansatz in % der Nutzfläche
Lufttechnikzentrale	5
Heizzentrale	1,5
Kältezentrale	1
Kühltürme	1
Elektrostationen	1

Bild 9.11. Grobabschätzung des Platzbedarfs für Technikflächen

für vertikale Schächte sind in diesem Planungsstadium mit etwa einem Prozent der Nutzfläche anzunehmen.

Stehen mit zunehmendem Planungsfortschritt genauere Angaben wie erforderliche Luftmengen, Ausbaustufe der RLT-Anlage sowie Wärme- und Kältebedarf fest, können wesentlich genauere Flächenansätze für die Technikzentralen erfolgen. Entscheidend für den Platzbedarf der RLT-Zentralen sind die Luftleistung sowie die Anlagenart. Die Größe von Heizzentralen wird hauptsächlich von der Nennwärmeleistung bestimmt (Bilder 9.12 und 9.13).

9.3 Platzbedarf von Zentralen und Installationen

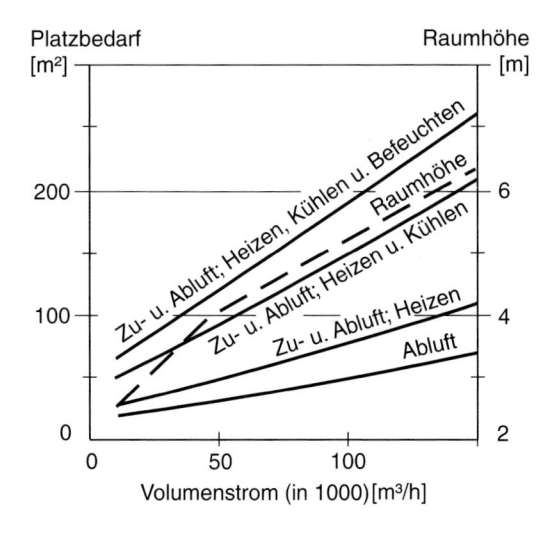

Bild 9.12. Platzbedarf von Lufttechnikzentralen

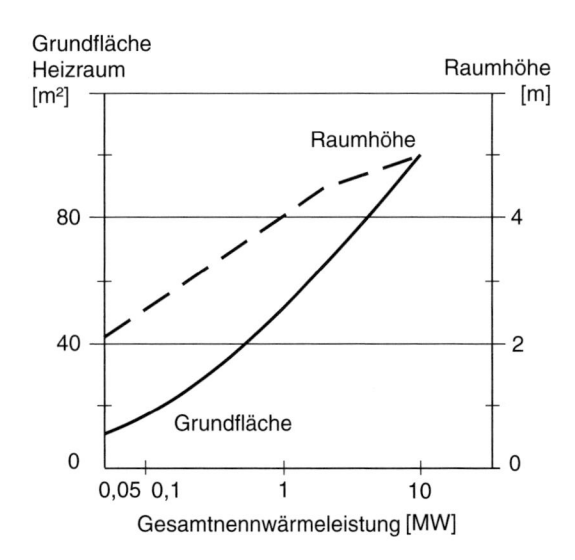

Bild 9.13. Platzbedarf von Heizzentralen

Die erforderliche Größe der Aufstellräume von Kältemaschinen kann über die Nennkälteleistung ermittelt werden. Zusätzlich benötigen die Rückkühlwerke etwa den doppelten Platzbedarf und werden in der Regel auf dem Dach angeordnet. Rückkühlwerke im Untergeschoss sollten unbedingt vermieden werden, da in diesem Fall von einem vierfachen Flächenbedarf auszugehen ist (Bild 9.14).

Die vertikale sowie horizontale Erschließung über Schächte und Trassen wird im Wesentlichen von den Abmessungen der Luftleitungen bestimmt. Aus Bild 9.15 kann der Platzbedarf von Luftkanälen abhängig vom Volumenstrom abgeschätzt werden.

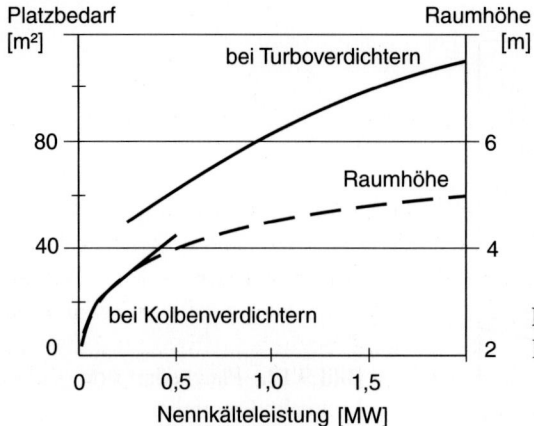

Bild 9.14. Platzbedarf von Kältezentralen

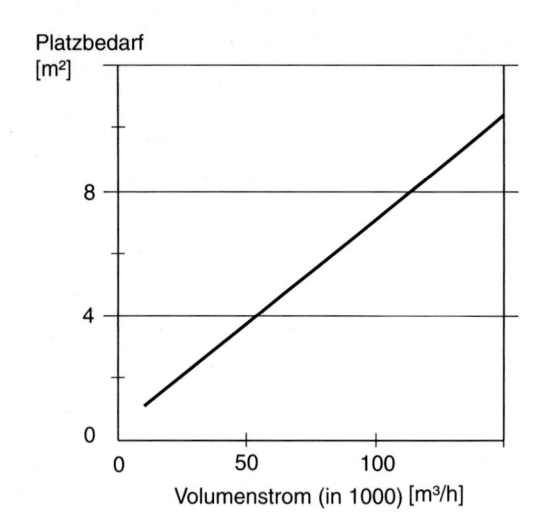

Bild 9.15. Platzbedarf von Luftkanälen bei ND-Anlagen

10 Energieversorgung

Systeme zur Versorgung von Gebäuden mit Wärme, Kälte und Strom müssen eine Vielzahl von Anforderungen erfüllen.

Dem Wunsch nach reduziertem Energieverbrauch und minimalen Schadstoffemissionen stehen ökonomische Interessen sowohl bei der Investition als auch während des Betriebs gegenüber. Nutzerwünsche und -einflüsse stellen einen weiteren erheblichen Einfluss dar. Bei der Auswahl geeigneter Systeme sind die diversen Faktoren im Sinne einer ganzheitlichen Planung zu beachten. Standortspezifische Randbedingungen sollten genauso berücksichtigt werden wie die Abstimmung mit dem vorgesehenen Heizungs- sowie Kühlsystem.

Energetisch vergleichbar sind verschiedene Systeme durch den Primärenergiefaktor. Dieser Wert gibt an, ein wie vielfaches an Primärenergie für die Bereitstellung einer bestimmten Endenergiemenge eingesetzt werden muss (Bild 10.1).

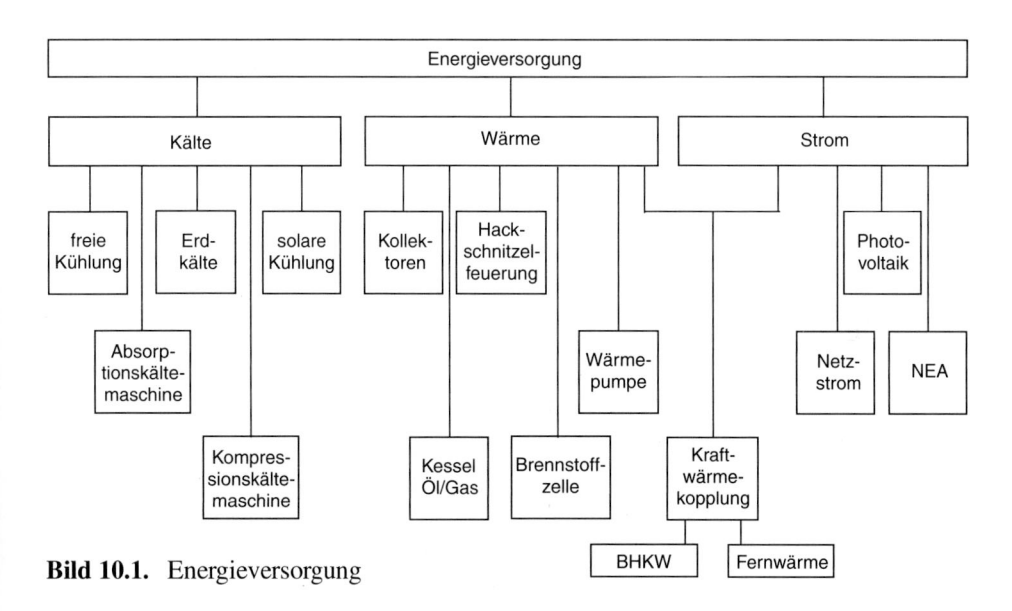

Bild 10.1. Energieversorgung

10.1 Wärme

Wärme ist in Bürogebäuden überwiegend zur Beheizung erforderlich. Warmwasserbereitung oder Prozesswärme für technische Anlagen haben in der Regel nur untergeordnete Bedeutung. Zur optimalen Energieausnutzung sollten die Systemtemperaturen der Wärmeerzeugung möglichst nicht die der Wärmeübergabe übersteigen.

	Heizsystem	Vorteile	Nachteile
Fernwärme	Externe Energieerzeugung hohe Systemtemperaturen Radiatoren etc.	+ geringer Bedienungs- und Wartungsaufwand + kein Brennstoffbezug	- Wärmeversorgungsnetz benötigt - Transportwärmeverluste von Kraftwerk zu Verbraucher
NT Kessel	gleitende Systemtemperaturen Radiatoren etc. od. Flächenheizsysteme	+ kostengünstig	- kein Brennwertbetrieb
Brennwertkessel	niedrige Systemtemperaturen für Flächenheizsysteme effizient	+ hohe Nutzungsgrade	- Kondensatableitung erforderlich - spezielle Abgasleitung
Hackschnitzelfeuerung	hohe Systemtemperaturen Radiatoren etc.	+ für ländliche Gebiete geeignet + Holz nachwachsender Rohstoff	- Brennstofflagerung - Schadstoffemissionen
Wärmepumpe	niedrige Systemtemperaturen Flächenheizsysteme	+ nutzt Umweltwärme + Energiegewinne	- elektrisch betriebene WP erst ab Jahresarbeitszahlen über 3 rentabel
BHKW	hohe Systemtemperaturen Radiatoren etc.	+ auch Stromerzeugung	- stetiger Energieverbrauch sollte vorhanden sein
Brennstoffzelle	hohe Systemtemperaturen Radiatoren etc.	+ geräuschloser Betrieb + geringe Schadstoffemissionen	- heute noch hohe Anschaffungskosten
Therm. Kollektoren	hohe Systemtemperaturen Warmwasserbereitstellung	+ Nutzung (kostenloser) Sonnenenergie	- im Winter begrenzt nutzbar - Speicherung der Wärmeenergie kostenintensiv

Bild 10.2. Bewertung verschiedener Wärmeerzeugungssysteme

Die Wahl des Wärmeerzeugungssystems in Verbindung mit der Wärmeübergabe in den Räumen beeinflusst die gesamtenergetische Qualität eines Gebäudes maßgeblich (Bild 10.2).

10.1.1 Fernwärme

Bei der konventionellen Stromerzeugung in thermischen Kraftwerken entsteht Abwärme. Je nach Kraftwerkstyp beträgt der Abwärmeanteil 50–70 % des Brennstoffeinsatzes. Dieser im Kühlwasser und den Abgasen enthaltene Wärmeanteil kann zur Beheizung von Gebäuden genutzt werden. Über Fernwärmeleitungen wird die Wärme in Form von Dampf, Heißwasser oder Warmwasser zu den angeschlossenen Gebäuden transportiert. Eine Wärmeübergabestation stellt dann die Verbindung zum Heizsystem im Gebäude dar. Zur Wärmeübergabe im Gebäude dienen meist Plattenwärmetauscher, die hohe Leistungen bei geringen Abmessungen übertragen können.

Die Fernheizung kann im Vergleich zu anderen Heizsystemen vor allem für Großabnehmer die wirtschaftlichste Form der Wärmeversorgung sein. Der Brennstoffbezug, dessen Lagerung sowie die Entsorgung der Reststoffe entfällt, was einen geringen Bedienungs- und Wartungsaufwand zur Folge hat. Aus energiewirtschaftlichen Gesichtspunkten werden Fernwärmenetze nur in Gebieten mit hoher Leistungsdichte realisiert und sind deshalb nur in größeren Städten vorhanden. Kraft-Wärme-

Kopplung kann auch mit einer Nahwärmeversorgung für größere Gebäudekomplexe oder Baugebiete außerhalb des Versorgungsgebietes der Fernwärme erfolgen.

10.1.2 Kesselanlagen für Öl- und Gasfeuerung

Kesselanlagen bewerkstelligen die Eigenwärmeversorgung eines Gebäudes durch die Verbrennung fossiler Brennstoffe. Grundsätzlich werden Kesselanlagen für den maximal benötigten Wärmebedarf ausgelegt. Da dieser jedoch nur an einigen Tagen im Jahr auftritt, kann bei größeren Anlagen ab einer Gesamtnennwärmeleistung von mehreren hundert kW die Aufteilung der erforderlichen Kesselleistung auf mehrere Heizkessel sinnvoll sein.

Niedertemperatur-Heizkessel sind öl- oder gasbefeuerte Wärmeerzeuger, die in der Regel abhängig von der Außentemperatur Heizwasservorlauftemperaturen gleitend zwischen etwa 40 °C und max. 75 °C bereitstellen. Ihr Wirkungsgrad liegt abhängig von der Kesselnennleistung bei ca. 94 % bis 95 %. Eine dauerhafte Unterschreitung des Taupunktes an den Wärmetauscherflächen darf nicht erfolgen, da sonst Korrosion an den Kesselwerkstoffen einsetzen würde. Niedertemperatur-Kessel sind kostengünstig und benötigen keine besondere Abgas-Anlage.

Brennwertkessel nutzen zusätzlich die Kondensationswärme des im Abgas enthaltenen gasförmigen Wasserdampfs. Dazu wird das Abgas an weiteren Wärmetauscherflächen unter das Kondensationsniveau abgekühlt. Der dabei erzielbare Nutzen ist abhängig vom Wasserstoffgehalt des Brennstoffs. Der Taupunkt der Rauchgase liegt bei Erdgas um 57 °C, bei Öl etwa bei 46 °C. Gasbefeuerte Brennwertkessel können deshalb einen höheren Brennwertnutzen erzielen als ölbefeuerte Systeme. Bei Brennwertkesseln kann der Nutzungsgrad bezogen auf den unteren Heizwert bis zu 108 % betragen. Die Nutzungsgrade lassen sich in der Praxis jedoch nur bei niedrigen Heizsystemtemperaturen realisieren.

10.1.3 Hackschnitzelfeuerung

Da Holz in unseren Breitengraden ein heimischer, nachwachsender Rohstoff ist, stellen Holzschnitzelfeuerungsanlagen eine Form der nachhaltigen Wärmeerzeugung dar. Im Gegensatz zu den fossilen Brennstoffen erfolgt die Wärmebereitstellung durch die Verbrennung von Holz weitgehend CO_2-neutral. Allerdings sind geeignete Filter erforderlich, um Emissionen von gesundheitsschädlichen Staub- und Rußpartikeln zu verhindern. In Form von Hackschnitzeln können Holzfeuerungsanlagen mit entsprechenden Fördereinrichtungen vollautomatisch beschickt werden. Nachteilig bei dieser Form der Wärmeerzeugung ist der erhebliche Aufwand zur Lagerung und Bevorratung des Brennstoffes. Als Sonderform der Energieerzeugung bieten sich Hackschnitzelanlagen vor allen Dingen in ländlichen Gegenden an.

10.1.4 Wärmepumpe

Wärmepumpen entziehen der Umwelt Wärme, um diese auf einem höheren Temperaturniveau für Heizzwecke nutzbar zu machen. Dabei durchläuft in der Wärmepumpe ein Kältemittel einen Kreisprozess von Kompression, Verflüssigung, Expansion und Verdampfung. Als Wärmequellen können Grundwasser, Erdreich, Außenluft, Oberflächenwasser, Abluftströme von Lüftungsanlagen etc. dienen.

Die Leistungsziffer einer Wärmepumpe gibt das Verhältnis zwischen insgesamt zur Verfügung gestellter Wärme und aufgewendeter Antriebsleistung an. Der Betrieb einer Elektrowärmepumpe ist aufgrund der hohen primärenergetischen Wertigkeit von Strom nur sinnvoll, wenn Leistungsziffern über drei erreicht werden. Bei kleineren Werten kann die gleiche Nutzenergie mit geringerem Primärenergieaufwand aus fossilen Brennstoffen gewonnen werden. Am effektivsten arbeiten Wärmepumpen, wenn die Temperaturdifferenz zwischen Wärmequelle und Wärmesenke (Vorlauftemperatur des Heizsystems) möglichst klein ist. Die niedrigen Vorlauftemperaturen wirken sich auf die Wahl des Heizsystems aus. So eignen sich besonders Flächenheizsysteme wie zum Beispiel Thermoaktive Decken im Betrieb mit Wärmepumpen. Solche Systeme erreichen Leistungsziffern von bis zu acht.

Damit im Winter auftretende Wärmebedarfsspitzen abgedeckt werden können, kommen oft bivalente Systeme zum Einsatz. Die Wärmepumpe ist hierbei mit einem zusätzlichen Wärmeerzeuger kombiniert. Je nachdem, ob die Anlage parallel, teilparallel oder alternativ arbeitet, wird der zusätzliche Wärmeerzeuger der Wärmepumpe zugeschaltet oder übernimmt die gesamte Versorgungsleistung.

10.1.5 BHKW

Blockheizkraftwerke sind Kleinkraftwerke, die einen Generator zur Stromerzeugung betreiben. Genauso wie bei Heizkraftwerken entsteht auch hier bei der Stromerzeugung Abwärme, die zu Heizzwecken genutzt werden kann. Bezogen auf den Brennstoffeinsatz haben BHKWs eine Stromausbeute von 30 %–40 % und eine Wärmeausbeute von ca. 55 %. Diese dient der Beheizung und Warmwasserversorgung sowie gegebenenfalls als Prozesswärme. BHKW-Systeme bieten sich insbesondere dann an, wenn im Gebäude ein stetiger elektrischer Energie- und Wärmebedarf besteht. Erst ab einer Jahresgesamtlaufzeit von ca. 5000 Stunden sind BHKWs rentabel zu betreiben. Blockheizkraftwerke werden aus diesem Grund so ausgelegt, dass sie nur einen Teil der Gesamtwärmeleistung eines Gebäudes bereitstellen. Großabnehmer mit weitgehend konstantem Strom- und Wärmebedarf wie Schwimmbäder, Krankenhäuser und Gewerbebetriebe erhöhen die Wirtschaftlichkeit solcher Systeme erheblich (Bild 10.3).

10.1 Wärme

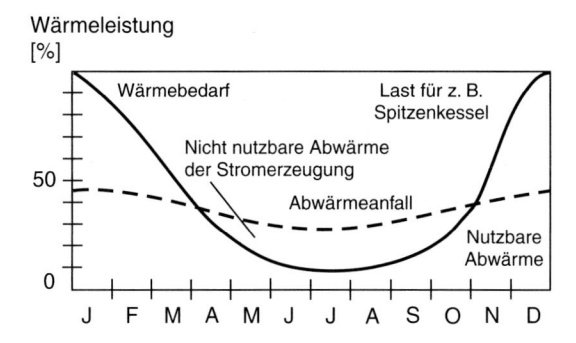

Bild 10.3. Abwärmeanfall und -nutzung bei Kraftwerken oder Blockheizkraftwerken

10.1.6 Brennstoffzelle

Die Brennstoffzelle ist eine neue Technologie der Energieerzeugung, die als Alternative zu Blockheizkraftwerken in der Erprobung ist. Durch die flammenlose Verbrennung von Erdgas oder Wasserstoff an einem Elektrolyten entsteht elektrischer Strom. Hochtemperatur-Brennstoffzellen wandeln bei diesem Vorgang Erdgas mit einem Wirkungsgrad von über 50 % in Strom um. Die dabei entstehenden Abgase mit einem hohen Temperaturniveau können zu Heizzwecken genutzt werden. So liegt der Gesamtwirkungsgrad bei den heutigen Systemen im Bereich der Kraft-Wärme-Kopplung. Vorteil von Brennstoffzellen ist das Fehlen bewegter Teile und der geräuschlose Betrieb. Die Kosten von Brennstoffzellensystemen liegen heute noch sehr hoch. Durch die Serienproduktion kann in Zukunft jedoch ein günstiges Kosten-Nutzen-Verhältnis erwartet werden (Bild 10.4).

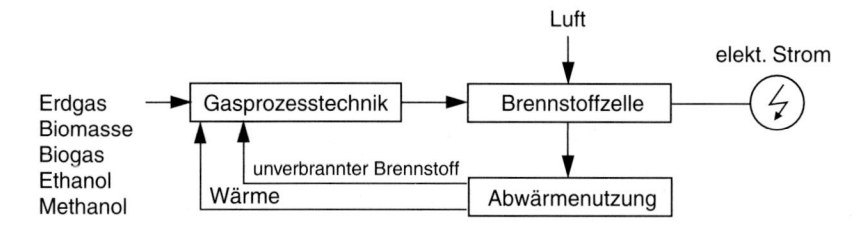

Bild 10.4. Funktionsschema Brennstoffzelle

10.2 Kälteerzeugung

Unter Kälteerzeugung versteht man die Abkühlung eines Kälteträgers auf ein gewünschtes Temperaturniveau durch den Einsatz mechanischer Energie oder Wärme. Abhängig von den eingesetzten Kühlsystemen sind unterschiedliche Temperaturniveaus erforderlich, die die Auswahl des Kälteerzeugers maßgeblich beeinflussen (Bild 10.5).

	Vorteile	Nachteile
el. betriebene Kompressions-kältemaschine	+ lange Betriebserfahrung + beliebige Systemtemperaturen möglich	- geringe Laufruhe - Wirkungsgrad abhängig von der Verdichterart
Absorptions-kältemaschine	+ schwingungsarm + geräuscharm	- nur bei billiger zur Verfügung stehender Wärmeenergie rentabel zu betreiben - große Rückkühlleistungen - Abmessungen
Kältespeicher	+ kleinere Bemessung der Kältemaschine möglich + Kostenreduzierung der Gesamtanlage	- Abmessungen / Platzbedarf
freie Kühlung	+ Nutzung (kostenloser) Kälteenergie der Außenluft + Kostenreduzierung der Gesamtanlage	- Außentemperaturabhängig - Nutzungsdauer von Kühlsystem abhängig
solare Kühlung	+ Nutzung (kostenloser) Sonnenenergie + hohe Sonneneinstrahlung während Kühlperiode wird genutzt	- Verbund mit Absorptionskälteanlage notwendig - höhere Kosten
Erdkälte	+ Nutzung (kostenloser) Kälteenergie des Erdreiches	- relativ hohe Vorlauftemperaturen - Ausgleich der Energieflüsse im Erdreich muß gewährleistet sein
Grundwasserkühlung	+ Nutzung (kostenloser) Kälteenergie des Grundwassers	- wasserrechtlich genehmigungspflichtig

Bild 10.5. Bewertung verschiedener Kühlsysteme

10.2.1 Thermodynamische Grundlagen: Kreisprozess

Der Kaltdampfkompressions-Kälteprozess ist heute mit über 90 % Installationsgrad bei Kälteanlagen die gängigste Form der Kälteerzeugung. Dabei wird in einem Kreisprozess trockener Kältemitteldampf so stark verdichtet, bis eine Abgabe der Überhitzungswärme und der Kondensationswärme an ein geeignetes Medium erfolgen kann, zum Beispiel die Umgebungsluft oder Heizwasser. Danach strömt das Kältemittel durch ein Expansionsventil, wobei das Druckniveau wieder sinkt. Bei der dann erreichten, für das Kältemittel spezifischen Temperatur, verdampft dieses. Die dazu notwendige Energie wird dem Kühlwasser entzogen, wodurch dieses abkühlt und zur Gebäudekühlung eingesetzt werden kann. Mit der Kompression beginnt der Kreisprozess wieder von neuem.

10.2.2 Elektrisch betriebene Kältemaschine

Bei elektrisch betriebenen Kältemaschinen erfolgt die Kompression des Kältemittels durch einen elektromotorisch angetriebenen Verdichter. Kompressionskältemaschinen sind mit unterschiedlichen Verdichterarten erhältlich. Die Kompressionsart wird bestimmt durch die geforderte Leistung, die gewünschte Laufruhe und die Wärmeabgabe der Maschine. Hubkolbenverdichter sind heutzutage wegen der langen Betriebserfahrung noch die am häufigsten eingesetzten Geräte. Im Vergleich zu Spiral- und Schraubenverdichtern haben sie eine geringere Laufruhe sowie einen höheren Verschleiß. Ein weiterer Vorteil der Spiral- und Schraubenverdichter ist der höhere Wirkungsgrad. Bei größeren Anlagen werden normalerweise Maschinen mit Turboverdichter eingesetzt.

Zur Abführung der im Kreisprozess entstehenden Überhitzungs- und Kondensationswärme werden Rückkühlwerke benötigt. Diese haben im Vergleich zur Kälteanlage große Abmessungen, müssen schwingungsarm gelagert sein und stellen aufgrund der integrierten Ventilatoren Schallquellen dar.

10.2.3 Absorptionskältemaschine

Im Vergleich zu den Maschinen, die mit dem Kaltdampfkompressions-Kälteprozess arbeiten, laufen in der Absorptionskältemaschine zwei Kreisläufe ab. So gibt es zusätzlich zum Kreisprozess des Kältemittels einen Lösungsmittelkreisprozess. Das bedeutet, dass der im Verdampfer entstehende Kältemitteldampf nicht komprimiert, sondern durch ein Lösungsmittel absorbiert wird. Die so entstehende mit Kältemittel angereicherte Lösung wird durch eine Pumpe auf ein höheres Druckniveau gebracht. In einem Austreiber wird das Kältemittel wieder ausgekocht. Dafür wird Dampf oder Heißwasser benötigt, weshalb solche Maschinen nur dann sinnvoll sind, wenn während der Kühlperiode billige Wärmeenergie zur Verfügung steht. Dies ist z. B. bei der Nutzung von Solarenergie oder von Abwärme eines Blockheizkraftwerks der Fall. Das ausgetriebene Kältemittel wird dann durch Wärmeabgabe an Kühlluft oder -wasser verflüssigt. Nach dem Druckabfall nach der Expansion kann das Kältemittel Wärmeenergie des zu kühlenden Mediums aufnehmen. Dadurch verdampft das Kältemittel und wird durch das Lösungsmittel wieder absorbiert.

Der fehlende Kompressor bei Absorptionskältemaschinen hat den Vorteil, dass diese schwingungsarm und weitestgehend geräuschfrei arbeiten. Nachteile im Vergleich zu Kaltdampfkompressionsmaschinen sind die größeren Rückkühlleistungen und Maschinenabmessungen.

10.2.4 Kältespeicher

In vielen Fällen hängt die Dimensionierung einer Kälteanlage von der maximalen Kühllast ab, die nur selten und für kurze Zeit auftritt. Um die Kälteanlage kleiner bemessen zu können, muss für diese Spitzenlastfälle Kälte eingespeichert werden, z. B. durch den Einsatz von Eisspeicheranlagen. Diese Anlagen werden in der Nacht unter Aufwendung billigen Stroms geladen, um zu den Spitzenlastzeiten Kälteenergie wieder abzugeben. Mit solchen Systemen lässt sich der Kostenaufwand der Gesamtanlage reduzieren.

10.2.5 Freie Kühlung

Wenn in kühleren Jahreszeiten im Gebäude aufgrund hoher Wärmelasten eine Kühlung notwendig ist, erweist sich die freie Kühlung als effizientes System. Dabei wird die kalte Außenluft entweder direkt oder indirekt zum Kühlen verwendet. Das Kühlwasser kann dabei entweder über einen Kühler oder über Rückkühlwerke geführt werden. Die Funktionsweise ist dabei wie folgt:

Luft wird von Ventilatoren durch Lamellenkühler gesaugt, über die von oben Wasser rieselt. Das Wasser verdunstet im Luftstrom und entzieht dem durch die Lamellen strömenden Medium Wärmeenergie. Das abgekühlte Wasser-/Glykol- Gemisch, welches in den meisten Fällen verwendet wird, dient dann zur Raumkühlung (Bild 10.6).

Bild 10.6. Freie Kühlung

Die Nutzungsdauer der freien Kühlung wird wesentlich von dem eingesetzten Kühlsystem bestimmt. So wird beispielsweise bei Bauteilkühlung auch im Sommerhalbjahr die freie Kühlung während der Nachtzeit möglich sein. Da während des Betriebs mit freier Kühlung die Kälteanlage abgeschaltet werden kann, ergibt sich eine erhebliche Energie- und Kosteneinsparung.

10.2.6 Solare Kühlung

Hohe Kühllasten treten oft zeitgleich mit einer hohen Strahlungsintensität auf. Darum kann es sinnvoll sein, mittels solar erzeugter Wärme die erforderliche Kälte bereitzustellen. Absorptionskältemaschinen benötigen Wärmeenergie auf einem hohen Temperaturniveau, welches auch mit Solarkollektoren erreicht werden kann. Geeignet sind besonders Vakuum-Röhrenkollektoren oder brennlinienfokussierte Systeme.

10.2.7 Erdkälte

Durch Erdsonden oder Erdreichkollektoren kann erwärmtes Wasser direkt im Erdreich auf niedrigere Temperaturen abgekühlt werden. Dabei ist jedoch zu beachten, dass die Vorlauftemperaturen der Kühlkreisläufe nicht wesentlich unter 18 °C liegen sollten. Außerdem sollte die Jahresbilanz der Energieflüsse im Erdreich ausgeglichen sein. Die im Sommer zugeführte Wärme muss im Winter wieder abgeführt werden. Vorteilhaft ist anstehendes Grundwasser, da dieses die Wärme leicht wieder abgeben kann. Die Erdtemperatur in ausreichender Tiefe entspricht der durchschnittlichen Jahrestemperatur.

10.2.8 Grundwasserkühlung

Grundwasser weist über den Jahresverlauf eine weitgehende Temperaturkonstanz von ca. 10 °C auf. Deshalb kann es gut zur Kühlung eingesetzt werden. Insbesondere eignen sich dafür Flächenkühlsysteme. Die Entnahme und Rückgabe von Grundwasser erfordert allerdings eine wasserrechtliche Genehmigung. Das Grundwasser kann über ein Register zur Vorkühlung der Zuluft genutzt werden.

10.3 Stromversorgung

10.3.1 Stromverbundnetz

Durch ein gemeinsames Verbundnetz sind alle großen Kraftwerke Europas zusammengeschlossen. Über Hochspannungsleitungen (110 kV–400 kV) wird der erzeugte Strom zu Transformatoren im Bereich großer Städte oder Industrieanlagen geleitet. Nach einer Transformation auf 1 kV–30 kV erfolgt die Einspeisung in das örtliche Versorgungsnetz. An kleinen Stationen wird der Strom auf die Niederspannungsebene (Deutschland 230 V) gebracht. Großverbraucher sind über einen eigenen Niederspannungstransformator direkt an das örtliche Versorgungsnetz angeschlossen.

10.3.2 Kraft-Wärme-Kopplung

Die Stromerzeugung über Kraft-Wärme-Kopplung bietet sich an, wenn auch gleichzeitig ein ganzjähriger Wärmebedarf besteht. BHKWs können die Notstromversorgung sicherstellen und zum Ausgleich von Leistungsspitzen genutzt werden.

10.3.3 Netzersatzanlage

Eine Netzersatzanlage stellt die Notstromversorgung bei einem Ausfall des öffentlichen Netzes sicher. Dazu erzeugt ein von einem Verbrennungsmotor angetriebener Generator Strom. Als Energieträger wird Dieselöl oder Gas verwendet. Netzersatzanlagen benötigen aufgrund ihrer hohen Wärme- und Geräuschabgabe immer einen eigenen, abgeschlossenen Raum. Dieser muss entsprechende Vorrichtungen zur Lüftung, Kühlung und Schalldämmung aufweisen.

10.3.4 Photovoltaik

Solarzellen nutzen die Globalstrahlung zur Erzeugung elektrischer Energie. So wird bei der Photovoltaik Licht durch die Wechselwirkung mit dem Basismaterial der Solarzellen in elektrischen Strom umgewandelt. Heute werden in der Praxis Wirkungsgrade bis zu 14 % erzielt. Man unterscheidet Solarzellen nach der äußeren Erscheinung, der Ausgangsspannung und dem Wirkungsgrad in monokristalline, polykristalline und amorphe Solarzellen. Wegen des hohen Anschaffungspreises sind Photovoltaikanlagen im Vergleich zu anderen Stromerzeugungsanlagen heute nur durch Förderprogramme und hohe Einspeisungsvergütungen konkurrenzfähig. Durch die Einbindung von Photovoltaikanlagen in die Konstruktion kann sich durch Synergieeffekte die Wirtschaftlichkeit erheblich verbessern (Bild 10.7).

10.3 Stromversorgung 131

Bild 10.7. Photovoltaikelemente in der Dachverglasung

Bild 10.8.

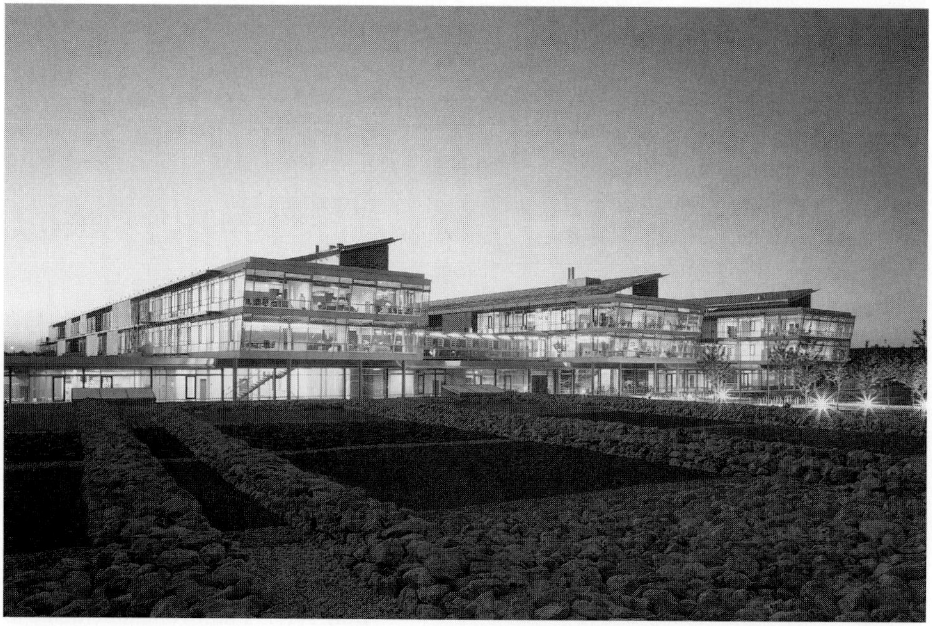

Literatur

[1] Auer, Fritz; Hausladen, Gerhard: Korrespondierende Türme. Langenscheidt Hochhaus, München. Intelligente Architektur/AIT Spezial, Nr. 31, S. 16–17 (2001)

[2] Bauer, J.; Hegger M.; Hegger-Luhnen, D.; Meyer, Ch.; Schleiff, G.; u. a.: Forschungsvorhaben solaroptimiertes Gebäude. Büro und Wohnhaus, Habichtswalder Straße in Kassel Schlußbericht. HHS/Bundesministerium für Forschung und Technologie (1999)

[3] Bauer, Joseph: Solaroptimiertes Bürogebäude. Niedrigenergiegebäude in Kassel. TAB, H. 4, S. 31–39 (1998)

[4] Beck, Edgar; Hausladen, Gerhard: Energiegrenzwerte von Lüftungsanlagen. Überlegungen und Vorschläge. TAB TECHNIK AM BAU, Jg. 32, Nr. 1, S. 41–46 (2001)

[5] Behling, Sofia und Stefan: Sol Power. Prestel Verlag, 1997

[6] Bodenbach, Christoph; Hausladen, Gerhard; Toebben, Martin: Hohes Haus an der Leine. Verwaltungsgebäude in Hannover. db deutsche bauzeitung, Jg. 134, Nr. 10, S. 67–74 (2000)

[7] Daniels, Klaus: Gebäudetechnik: Ein Leitfaden für Architekten und Ingenieure, 3., überarb. Auflage. München: Oldenbourg Verlag, 2000 (ISBN 3-486-26414-1)

[8] Daniels, Klaus: Technologie des ökologischen Bauens. Grundlagen und Maßnahmen, Beispiele und Ideen. Basel/Boston/Berlin: Birkhäuser Verlag, 1995 (ISBN 3-7643-5229-9)

[9] Danner, D.; Dassler, F. H.; Krause, L. R. (Herausgeber); Hausladen G. (Beitrag): Die Klimaaktive Fassade. Verlagsanstalt Alexander Koch, Leinefelden-Echterdingen, 1999

[10] DIN 1946, Teil 1: Raumlufttechnik – Terminologie und grafische Symbole (VDI Lüftungsregeln). Berlin: Beuth-Verlag, 1988

[11] DIN 1946, Teil 2: Raumlufttechnik – Gesundheitstechnische Anforderungen (VDI Lüftungsregeln). Berlin: Beuth-Verlag, 1994

[12] DIN 4108, Beiblatt 2: Wärmeschutz und Energie-Einsparung in Gebäuden – Wärmebrücken – Planungs- und Ausführungsbeispiele. Berlin: Beuth-Verlag, 1998

[13] DIN 5034, Teil 1: Tageslicht in Innenräumen – Allgemeine Anforderungen. Berlin: Beuth-Verlag, 1999

[14] DIN 5034, Teil 2: Tageslicht in Innenräumen – Grundlagen. Berlin: Beuth-Verlag, 1985

[15] DIN 5035 Teil 2: Beleuchtung mit künstlichem Licht – Richtwerte für Arbeitsstätten in Innenräumen und im Freien. Berlin: Beuth-Verlag, 1990

[16] DIN EN ISO 7730: Ermittlung des PMV und des PPD und Beschreibung der Bedingungen für thermische Behaglichkeit. Berlin: Beuth-Verlag, 1995

[17] Gottschalk, Ottomar unter Mitarbeit von Klaus Daniels: Verwaltungsbauten: flexibel- kommunikativ- nutzerorientiert, 4., neubearb. Auflage. Wiesbaden/Berlin: Bauverlag GmbH (ISBN 3-7625-3085-8)

[18] Hauser, Gerd (Herausgeber); Hausladen, Gerhard (Herausgeber); Dönch, Matthias (Bearbeiter); Heibel, Bernd (Bearbeiter); Höttges, Kirsten (Bearbeiter): Energiebilanzierung von Gebäuden. Mit CD-ROM. Stuttgart, Krämer, 1998

[19] Hausladen, Gerhard: Der Energiepass. Energetische Beurteilung von Gebäuden. Wärmetechnik, Versorgungstechnik, WT, Jg. 38, Nr. 9, S. 503–508 (1993)

[20] Hausladen, Gerhard; Springl, Peter; Lohr, Alex; Willbold-Lohr, Gabriele: LEO low energy office. TAB-Technik am Bau, Jg. 25, Nr. 11, S. 75–81 (1994)

[21] Hausladen, Gerhard: Bauphysikalisch energetische Untersuchung zum Projekt „Wasserbetriebsstützpunkt München-Ost". IB Hausladen in Zusammenarbeit mit Architekturbüro Feldner und IB Hauser. Bericht (1995)

[22] Hausladen, G.; Ebert, Th.: Energieeffizient. Bayrisches Landesamt für Statistik und Datenverarbeitung, Außenstelle Schweinfurt, Haustechnikkonzeption. AIT, H. 14 Sonderdruck (1998)

[23] Hausladen, Gerhard; Kippenberg, Kaja; Langer, Ludwig; Saldanha, Michael de: Solare Doppelfassaden: Energetische und raumklimatische Auswirkung. Ki Luft und Kältetechnik, Jg. 34, Nr. 11, S. 524–529 (1998)

[24] Hausladen, Gerhard; Saldanha, Michael de: In welchem Stile müssen wir bauen? Neue Tendenzen durch hohen Baustandard. Intelligente Architektur/AIT-Spezial, Nr. 15, S. 86–89 (1998)

[25] Hausladen, G.; Meyer, Ch.: Kreisverwaltungsgebäude Haus B, Bad Segeberg. Bewertung des Konzeptvorschlages zur Sanierung vom Mai 1999. Universität Kassel (1999)

[26] Hausladen, Gerhard (Projektleiter); Meyer, Christoph: Optimierung der Anordnung von Heizflächen und Lüftungselementen. Stuttgart, Fraunhofer IRB Verlag, 1999

[27] Hausladen, Gerhard; Langer, Ludwig; Mengedoht, Gerhard; Pertler, Horst: Gebäudetechnische Innovationen. Energetisches Konzept des neuen Landesamtes für Umweltschutz in Augsburg. Bundesbaublatt, Jg. 48, Nr. 3, S. 36–40 (1999)

[28] Hausladen, Gerhard; Langer, Ludwig: Baukerntemperierung – Möglichkeiten und Grenzen. TAB TECHNIK AM BAU, Jg. 31, Nr. 6, S. 55–64 (2000)

[29] Hausladen, Gerhard; Mengedoht, Gerhard: Hohes Haus an der Leine. Verwaltungsgebäude in Hannover. db deutsche bauzeitung, Jg. 134, Nr. 10, S. 67–74 (2000)

[30] Hausladen, Gerhard; Innovative Gebäude-, Technik- und Energiekonzepte. München: Oldenbourg Industrieverlag, 2001 (ISBN 3-486-26429-X)

[31] Hausladen, G.; Saldanha, M. de; Sager, C.: Frische Luft und gutes Klima. Umweltbewusstes Bauen. HLH Heizung Lüftung/Klima Haustechnik, Jg. 52, Nr. 9, S. 67–68 (2001)

[32] Hausladen, Gerhard; Saldanha, Michael de: Tendenzen der optimierten Gebäudeplanung. Bauzeitung, Jg. 55, Nr. 9, S. 46–50 (2001)

[33] Hausladen, Gerhard; Saldanha, Michael de; Sager, Christina: Denk- statt Heizleistung. Beratende Ingenieure, Jg. 31, Nr. 6, S. 38–42 (2001)

[34] Hausladen, Gerhard; Saldanha, Michael de; Sager, Christina: Klima (caelum) Bauteilaktivierung. HLH Heizung Lüftung/Klima Haustechnik, Jg. 52, Nr. 12, S. 32–35 (2001)

[35] Hausladen, G.; Saldanha, M. de; Sager, C.: Luft (aer) Umweltbewusstes Bauen. HLH Heizung Lüftung/Klima Haustechnik, Jg. 52, Nr. 11, S. 51–53 (2001)

[36] Hausladen, G.; Saldanha, M. de; Sager, C.: Frische Luft und gutes Klima. Umweltbewusstes Bauen. HLH Heizung Lüftung/Klima Haustechnik, Jg. 52, Nr. 9, S. 67–68 (2001)

[37] Hausladen, Gerhard; Saldanha, Michael de; Sager, Christina: Forschung aus eigenem Haus. Reduzierter Energieverbrauch. Industrie Bau, Jg. 47, Nr. 5, S. 22–25 (2001)

[38] Hausladen, Gerhard: Die Bedeutung der Heizungs- und Lüftungstechnik für das Energiesparen und den Umweltschutz. Modernisierungsmarkt, Jg. 24, Nr. 7/8, S. 17–19 (2001)

[39] Hausladen, Gerhard: Forschungsmaschine ZUB der Uni GH, Kassel. DBZ Deutsche Bau Zeitschrift, Jg. 49, Nr. 8, S. 46–51 (2001)

[40] Hausladen, Gerhard; Langer, Ludwig: Baukerntemperierung von Boeden und Decken. Möglichkeiten und Grenzen. DAS BAUZENTRUM/BAUKULTUR, Jg. 49/22, Nr. 7, S. 72–77 (2001)

[41] Hausladen, Gerhard; Saldanha, Michael de: Light-tech twin-tower Energie- und Raumklimakonzept für ein Hochhaus mit minimierter Technik. Bauzeitung, Jg. 56, Nr. 1/2, S. 48–54 (2002)

[42] Hausladen, G.; Saldanha, M. de; Sager, C.: Energieforschung am eigenen Haus. Zentrum für Umweltbewusstes Bauen in Kassel. SANITAER + HEIZUNGSTECHNIK, Jg. 67, Nr. 4, S. 50–53 (2002)

[43] Hausladen, Gerhard; Saldanha, Michael de; Sager, Christina: Innovative Gebäudetechnik. Zentrum für Umweltbewusstes Bauen. TAB TECHNIK AM BAU, Jg. 33, Nr. 3, S. 91–96 (2002)

[44] Hausladen, Gerhard; Saldanha, Michael de; Sager, Christina: Erkenntnis (sapientia) Umweltbewusstes Bauen. HLH Heizung Lüftung/Klima Haustechnik, Jg. 53, Nr. 1, S. 38–41 (2002)

[45] Hausladen, Gerhard; Oppermann, Jens: Fensterlüftungsverhalten in Niedrigenergiehäusern ein Modell Nutzerverhalten. HLH Heizung Lüftung/Klima Haustechnik, Jg. 53, Nr. 2, S. 56–60 (2002)

[46] Hausladen, Gerhard; Saldanha, Michael de: Klimaspirale. Kühles Klima für eine transparente Helix in Dresden. Intelligente Architektur/AIT Spezial, Nr. 32, S. 56–61 (2002)

[47] Herzog, Thomas: Nachhaltige Höhe Deutsche Messe AG Hannover, Verwaltungsgebäude 64. Stuttgart: Prestel Verlag, 1999

[48] Herzog, Thomas; Schrade, Hanns Joerg; Hausladen, Gerhard; Toebben, Martin; Waters, Richard A.; Garske, Erhard: Messe Highlight. Verwaltungsgebäude der Deutschen Messe AG in Hannover. Intelligente Architektur/AIT-Spezial, Nr. 22, S. 23–37 (2000)

[49] Kaiser, Jan; Maas, Anton; Oppermann, Jens: Energetische Analyse und Bewertung von Synergiehäusern. Stuttgart: Fraunhofer IRB Verlag, 1999

[50] Käpplinger, Claus: Petzinka, Pink und Partner. „Grande Arche" in Düsseldorf. Bürogebäude in Düsseldorf, Deutschland. Architektur Aktuell, Nr. 226, S. 84–93 (1999)

[51] König, H. u. a.: Umweltorientierte Planungsinstrumente für den Lebenszyklus von Gebäuden (LEGOE). Abschlussbericht über ein Forschungsprojekt gefördert von der Deutschen Bundesstiftung Umwelt. Dachau: Verlag Edition Aum, 1999

[52] Lackenbauer, Andreas; Hausladen, Gerhard: Nahwärmeversorgung durch Holzfeuerung. TAB-Technik am Bau, Jg. 27, Nr. 4, S. 69–74 (1996)

[53] Lackenbauer, Andreas; Hausladen, Gerhard: Siedlungsbau mit Pfiff. Massnahmen zur Reduzierung des Energieverbrauchs und der Schadstoffemissionen in einem Neubaugebiet. Bundesbaublatt, Jg. 45, Nr. 3, S. 198–207 (4 S.) (1996)

[54] Lang, Werner: Typologie Mehrschaliger Fassaden. Dissertation TU München (2000)

[55] Mengedoht, Gerhard; Hausladen, Gerhard: Dynamische Gebäudesimulationen. Das sommerliche Verhalten von Bürogebäuden. TAB TECHNIK AM BAU, Jg. 33, Nr. 3, S. 97–102 (5 S.) (2002)

[56] Meyer, Ch.: Bewertung thermischer Behaglichkeit mittels Strömungssimulation. Dissertation Universität Kassel, GhK (1999)

[57] Oppermann, Jens; Kaiser, Jan: Messtechnische Erfassung von Dienstleistungsgebäuden Abschlussbericht. GhK, Kassel (1999)

[58] Österle, Eberhard; Lutz, Martin; Lieb, Rolf-Dieter; Heusler, Winfried: Doppelschalige Fassaden. Ganzheitliche Planung. Konstruktion, Bauphysik, Aerophysik, Raumkonditionierung, Wirtschaftlichkeit. München: Callwey, 1999

[59] Pistohl, Wolfram: Handbuch der Gebäudetechnik; Planungsgrundlagen und Beispiele; Band 2: Heizung/Lüftung/Energiesparen. Düsseldorf: Werner-Verlag, 1996

[60] Post, Heinrich: Wege zum Niedrigenergiehaus, Projekt Sölde. Bericht, GhK, Kassel (1997)

[61] Recknagel; Sprenger; Schramek: Taschenbuch für Heizung und Klimatechnik 2001/2001. München: Oldenbourg Verlag, 2001 (ISBN 3-486-26450-8)

[62] Rouvel, Lothar; Deutscher, Peter; Elsberger, Martin; Hausladen, Gerhard; Mengedoht, Gerhard: Energieeinsparverordnung: Untersuchung differenzierter Ansätze zur energetischen Bewertung von Gebäuden mit Anlagen zur Raumluftkonditionierung. Kurzbericht. Kurzberichte aus der BAUFORSCHUNG, Jg. 42, Nr. 2, S. 92–94 (2001)

[63] Santifaller, Enrico: Hochhaus mit Dreh. Commerzbankgebäude in Frankfurt am Main. DBZ Deutsche Bauzeitschrift, Jg. 45, Nr. 8, S. 39–48 (1997)

[64] Sauer, Joachim: Versicherungs-Hochhaus: Doppelhaut und Fensterlüftung. das bauzentrum, Jg. 47, Nr. 4, S. 20–21 (1999)

[65] Steimle, Fritz: Handbuch Haustechnische Planung. Hrsg.: Ruhrgas AG Essen, Verbundnetz Gas AG Leipzig. Stuttgart/Zürich: Karl Krämer Verlag, 2000 (ISBN 3-7828-4036-4)

[66] Többen, Martin: Thermisches Verhalten von Verwaltungsgebäuden. DBZ. H. 8, S. 93–96 (1998)

[67] VDI 2050 Blatt 1: Heizzentralen – Heizzentralen in Gebäuden – Technische Grundsätze für Planung und Ausführung. Berlin: Beuth-Verlag, 1995

[68] VDI 2067, div. Teile: Wirtschaftlichkeit gebäudetechnischer Anlagen. Berlin: Beuth-Verlag, div. Ausgabejahre.

[69] VDI 2078: Berechnung der Kühllast klimatisierter Räume (VDI-Kühllastregeln). Berlin: BeuthVerlag, 1996

[70] VDI 3803: Raumlufttechnische Anlagen – Bauliche und technische Anforderungen. Berlin: BeuthVerlag, 1986

[71] VDI 3804: Raumlufttechnische Anlagen für Bürogebäude. Berlin: Beuth-Verlag, 1994

[72] VDI 6030: Auslegung von freien Raumheizflächen – Grundlagen und Auslegung von Raumheizkörpern. Berlin: Beuth-Verlag, 2002

[73] Wuppertal Institut für Klima-Umwelt-Energie: Energiegerechtes Bauen und Modernisieren: Grundlagen und Beispiele für Architekten, Bauherren und Bewohner. Hrsg. von der Bundesarchitektenkammer. Basel/Boston/Berlin: Birkhäuser Verlag, 1996 (ISBN 3-7643-5362-7)

Stichwortverzeichnis

Abluftführung 116
Abluftsysteme 74
Abluftwärmepumpe 73, 86
Absorptionskältemaschine 127, 129
Abwärmeanfall 125
Aktivitätsgrad eines Menschen 20
akustische Behaglichkeit 26
Anlagen-Aufwandszahl 37, 38
Anlagensysteme 37
Anlagenteile, Austauschmöglichkeit 112
Antriebsenergie 108
Arbeitsstättenrichtlinie 8, 9
– Beleuchtung 9
– Luftwechsel 9
– Raumgröße 9
– Schallpegel 9
Außenbeleuchtungsstärke 53
Außengeräusche 26
Außenklima 20, 27
– Art der Kleidung 20
– Empfindlichkeit 20
Außenluft, Nachkonditionierung 77
Außenluftdurchlass 85
Außenlufttemperatur 27, 28
Außentemperatur 18
– Aufenthaltsdauer 21
– Verlauf 28

Bankheizkörper 96
Bauteilaktivierung 103
Befeuchten 78
Behaglichkeit 4, 18, 19, 21, 50
– visuelle 25
Beleuchtung 9
Beleuchtungsniveau 53
Beleuchtungsstärke 25, 53
Betriebskosten 2
Bildschirmarbeitsplatz 25

Biomasse 47
Blendschutz 25
Blendung 55
Blockheizkraftwerke (BHKW) 124
Brand- und Schallschutz 112
Brandabschnitt 117
Brandschutz 112
Brandschutzanforderungen 117
Brennstoffbeschickung 112
Brennstoffe, fossile 123
Brennstofflager 112
Brennstoffzelle 125
Brennwertkessel, Nutzungsgrad 123
Büroarbeitsplatz 2
– Behaglichkeitsanforderungen 16
– Raumbedingungen 16
Bürogebäude, Anforderungen 8
Büroorganisation 1
Büroräume, Planung 9

Dachheizzentrale 112, 113
Deckenauslass 82
Dezipol 24
Diagrammverfahren 37
DIN-Fachbericht 79 9
Direktlichtlenkung 55
diskontinuierlicher Massenstrom 108
Doppelfassaden 62ff
– Beispiel 63, 65
– Zwischenraum 62
Drall- und Schlitzauslässe 83
Druckverhältnisse im Raum 79
dynamische Untersuchungsmethoden 12–14

Einsparpotential 8
Einspeisungsvergütungen 130
Eisspeicheranlagen 128

Endenergie 45, 46
energetische Aspekte 2
energetische Effizienz 33, 37
energetische Faktoren 1
energetische Gebäudequalität 41
energetische Planungswerkzeuge 12
energetische Prozesskette 33, 46
energetische Synergieeffekte 2
energetisches Gesamtsystem 43
Energie- und Technikmodule 68
Energiebedarf
– Jahres-Heizwärmebedarf 37
– Jahres-Primärenergiebedarf 33, 45
– Reduktion 43
Energiebilanz 41
Energiedurchlassgrad 39, 50
Energieeinsparpotentiale 1
Energieeinsparverordnung (EnEV) 8, 9, 35
Energieeintrag 39
Energieflüsse in Büros 33
Energieflussschema 32
Energiegewinn 41
– passivsolarer 32
– solarer 39
Energiekonzepte 14
Energiemenge 46
– Endenergiemenge 121
Energiequellen, regenerative 45
Energierohstoffe 44
Energiesystem Gebäude 32
Energieträger 43, 47
– erneuerbare 47
– fossile 44
– regenerative 33, 47
Energietransport 101
Energieübergabe 104
Energieverbrauch 32, 121
– in Verwaltungsgebäuden 34
Energieverlust 41
– Erzeugungsverlust 46

– Speicherverlust 46
– Übergabeverlust 46
– Verteilverlust 46
Energieversorgung 121
Energieversorgungskette 37
Energiezertifikat 43
EnEV 8, 9, 35
Entfeuchten 78
Entlüftungssystem 79
Entwärmung, einseitige 18
Erdgasreserven 45
Erdkälte 129
Erdkanäle 85
Erdölreserven 44
Erdreichkollektoren 129
Erdreichtemperaturen 85
Erdsonden 129
Erwärmung 97
Estricheinbaukonvektor 95

Fallstromkühlung 100
Farben
– Einfluss von Farben 26
– Farblicht 26
Farbgebung
– Motivation 16
– Wohlbefinden 16
Farbwiedergabe 25
Fassaden
– Doppelfassade 62
– einschalige 60
– Funktionsfassade 68
– Installationselement 69
– Kastenfensterfassade 63
– Korridorfassade 62
– Lochfassaden 60
– Pfosten-Riegel-Konstruktion 60
– Schachtfassade 63
– technikintegrierte 69
– unsegmentierte 63
– visuelle Nutzung 51
– Winddruck 32

Stichwortverzeichnis

- Zulufteinbringung 72, 73
- Zweite-Haut-Fassade 62
Fassadenbauteile, Speicherfähigkeit 50
Fassadenelemente
- einschalige 66
- vorgefertigte 69
fassadenintegrierte Kollektoren 68
Fassadenkonzepte 59, 66
- innovative 49
- zukunftweisende 66
Fassadenkorridor 65
Fassadenöffnungen 76
Fassadenoptimierung 43
Fassadentypologisierung 59
- Einflussfaktoren 59
- Windanfall 59
Fassadenzwischenraum 62, 63
Fensterflächenanteil 43, 50
Fensterlüftung 36, 72
- freie 58
- Gebäudedurchströmung 73
- Raumtiefe bei freier Fensterlüftung 72
Fernwärme 122, 123
Fernwärmeleitungen 122
Fernwärmenetz 122
Feuerungsverordnung 112
Flächenheizsysteme 103
Flächenkühlsysteme 103, 129
Flachheizkörper 96
flammenlose Verbrennung 125
Flexibilität, technische 7
Fortluftauslässe 76
freistehende Heizzentrale 113
Frischluft 36
Frischluftsee 83
Funktionsfassade 68
Fußbodenheizung 96

Gebäude
- Dichtheit von Gebäuden 36
- Druckverteilung 31
- Hauptnutzzeit 51
- innovative 10
- intelligente 14
- Nachtauskühlung 51
- Nachtlüftung 51
- schwere Bauart 51
- Speicherfähigkeit 51
- Speicherwirkung 51
- Temperaturüberschreitungszeiten 52
- transparente 2
Gebäude, Fassade
- Winddruck 32
- Windschutzfaktor 32
Gebäude, Umströmung 32
- Düseneffekte 32
Gebäudehüllen 49
Gebäudekern 117
Gebäudekonzept
- Nachvollziehbarkeit 16
- Planung 11
Gebäudelüftung 71, 78
Gebäudemasse 51
gebäudespezifische Einsparpotentiale 14
Gebläsekonvektor 96
Geruch, Raumluft 23
Gesamtenergiedurchlassgrad 39
Gesundheitsschäden 16
Grobsimulationen, Gebäudekonzept 11
Grundwasser 129
Grundwasserkühlung 129

Hackschnitzel 123
Hackschnitzelfeuerung 123
Heiz-/Kühlregister 77
Heizen 78
Heizenergie 32

Heizflächen 91, 93
Heizgradtage 35
Heizkessel 123
Heizkörper 96
– Strahlungsanteil 92
Heizleistung 96
Heizräume 112
Heizungsanlage, Vorlauftemperatur 93
Heizwärme 91
Heizwassermenge 94
Heizwassertemperatur 93
Heizwasservorlauftemperaturen 123
– Wirkungsgrad 123
Heizzentralen 112
– Dachheizzentrale 112, 113
– freistehende 113
– im Untergeschoss 113
– Platzbedarf 119
Helligkeitseindruck 25
Hochdruck-Anlagen 79
Hochdruck-Induktionsklimaanlage 79
Hochtemperatur-Brennstoffzelle 125
Hohlraumboden 109
holographisch optische Elemente (HOE) 57
holographische Systeme 57
Holzfeuerungsanlagen 123
Hubkolbenverdichter 127

Induktionseffekt 82
Induktionsgeräte 79
Innengeräusche 26
innovative Gebäude 10
Installationen, horizontale Verteilung 117, 118
Installationsführung 117
intelligente Gebäude 14

Jalousien 55, 56

Kaltdampfkompressions-Kälteprozess 126
Kälte 121
– natürliche 108
Kälteabfuhr 98
Kälteabgabe 98
Kälteanlage 128
Kälteerzeugung 126
Kältemaschinen 116, 127
– Aufstellräume 120
Kältequellen 103
Kälteräume 116
Kältespeicher 128
Kälteträger 126
Kältezentralen 116
– Platzbedarf 120
Kaltluftabfall 18, 95, 97, 108
Kastenfensterelement 66
Kastenfensterfassade 62, 63
Kesselanlagen 112
Kleinkraftwerke 124
Klima 27
Klimaanlagen 78, 101
– Hochdruck-Induktionsklimaanlage 79
– Teilklimaanlagen 78
Klimadesigner 1, 14
Klimaeinfluss 58
Klimakonzept 28
Klimalabor, Windkanaluntersuchungen 12
Klimaleuchten 83
Klimatisierung der Räume 58
Kohlendioxid, Atmung 23
Kollektoren, fassadenintegriert 68
Kombifassade, Beispiel 65, 66
Kompaktheizkörper 96
Kondensationswärme 123
Konvektion 91
Konvektoren 94
– Estricheinbaukonvektor 95
– Gebläsekonvektor 96
– Unterflurkonvektor 95

Konvektorschacht 95
Körpertemperatur, Ernährung 20
Korridorfassade 62
Kraft-Wärme-Kopplung 122, 123, 130
Kreislaufverbundsystem 73, 86
Kreisprozess 126
Kühlbalken 100
Kühldecken 98–100
– Regelverhalten 101
Kühlen 78
Kühlflächen 99
Kühlkonzept 4
Kühllast 52, 98
– eines Raumes 91
– maximale 128
Kühlleistung 99
Kühlleistungsdichte 104
Kühlmedium 98
Kühlradiatoren 100
Kühlsysteme 97, 98, 126
– passive 4
Kühlung
– Fallstromkühlung 100
– freie 128
– passive 98, 99
– Schwerkraftkühlung 100
– solare 129
– stille 98
Kunstlicht 25

Lamellenkühler 128
Lärmbelästigung 58
Lärmpegel 16
Lastspitzen 103
Leistungsfähigkeit 18
Leitungsführung 117
Leitungsschächte, vertikale 117
Leuchtdichte 25
Leuchtdichteverhältnisse 25
Leuchtdichteverteilung 25
Licht-, Energie-, Strömungs-
  simulation 12

Lichtlenkjalousien 55–57
Lichtlenksysteme 57
Lichtmenge 54
Lichtschwerter 55, 56
Lichtverteilung 54
Low Energy Office 60
Luft, zugfreie Einbringung 98
Luftauslässe 83
Luftaustausch 4
Luftbehandlungsfunktionen 78
Luftbelastung 24
Luftbewegung 17, 18, 72
Luftdruckverhältnisse, systembedingte
  81
Lufteintritt, zugfreier 100
Lufterwärmer/-kühler 89
Luftfeuchte 17
Luftfeuchtigkeit
– Befeuchtung 23
– relative Feuchte 22
Luftführung 74
– Druckverlust 75
– im Raum 79
– Platzbedarf für Kanäle 75
Luftführungsarten 84
luftgeführte Systeme 101
Luftgeschwindigkeit 77
– Behaglichkeitsbereich 21
– Wärmewiderstand der Kleidung
  22
Luftheizung 74
Luftkanäle, Platzbedarf 120
Luftkanalsystem 79
Luftmenge 101
Luftqualität 16, 72
Luftströmung, Behaglichkeitsgrenzen
  72
Lufttechnikzentralen 114
– Platzbedarf 119
Lüftung
– mechanische 71, 73, 78
– Nachtlüftung 74, 98, 99

– natürliche 3, 58, 66, 71, 76
– Spaltlüftungsstellungen 76
– Zulufteinlässe 76
Lüftungs- und Raumklimageräte, dezentrale 68
Lüftungs- und Technikeinheiten, dezentrale 5
Lüftungsanlagen 16, 78, 101
Lüftungsantrieb 72
Lüftungselemente 73, 76
Lüftungsgeräte 73, 89
– Ansaugstutzen 89
– fassadenintegrierte 77
– Fortluftauslässe 89
– Luftfilter 89
– Mischkammer 89
– Schalldämpfer 89
Lüftungskonzepte 71, 72, 74, 76
– Abluftführung 75
– natürliche 72
– Zuluftführung 75
Lüftungslamellen 63
Lüftungsstrategien, natürliche 75
– Kühlpotentiale 75
Lüftungssysteme, mechanische 4, 80
Lüftungswärmebedarf 36
Lüftungszentralen 114
– Außenluftansaugung 114
– Dachlüftungszentrale 115
– im Untergeschoss 114, 115
– in einem Zwischengeschoss 115
– Schachtquerschnitte 114
Luftverunreinigung, Quellen 24
Luftwechsel 9, 36
– erforderlicher 23
Luftwechselzahl 36

MAK-Tabellen 24
menschliches Wohlbefinden, Faktoren 18
metabilic rate 20
Mindestluftwechsel 36

Mischluftprinzipien 82
Mischlüftung 79, 82
mitteleuropäisches Klima 27

Nachhallzeiten 26
Nachtauskühlung 51
Nachtlüftung 4, 89, 99
Nahwärmeversorgung 123
Nennbeleuchtungsstärke 25
Netzersatzanlage 130
Niederdruck-Anlagen 79
Niederspannungstransformator 130
Niedertemperatur-Heizkessel 123
Norm-Innentemperaturen 91
Norm-Witterungsbedingungen 91
Notstromversorgung 130
Nutzenergie 46
– Anlagen-, Verteil- und Übergabeverluste 46
– Antriebsenergie 46
Nutzereinfluss 4
Nutzerzufriedenheit 2

Oberflächentemperatur 17
Olf 23
optische Reflektorsysteme
– Heliostaten 55
– Lichtlenkjalousien 55, 56
– Lichtschaufeln 55
– zweigeteilte Jalousien 55

Photovoltaik 130
Photovoltaikelement 131
Planen in Varianten, Gebäudekonzepte 11
Planung von Büroräumen 9
Planung, ganzheitliche 10
Planungserfolg 14
Planungsgrößen 10
Planungsmethoden
– Kosten 13, 14
– Zeitbedarf 13, 14

Planungsprozess
- integrierter 7
- Zielvorgaben 8
Planungswerkzeuge 12, 13
- energetische 12
- raumklimatische 12
Plattenwärmetauscher 73, 86
Potentialstudien 11
Primärenergie 45
Primärenergiefaktor 46, 121
Primärenergieträger 45
Primärfassade 62
prismatische Systeme 55
Prismenplatte 57
Prismensysteme 56
Pufferzone, Fassade 63

Quelllüftung 79, 83

Radiatoren 96
Rauchgasabführung 112
Raumakustik 26
Raumausleuchtung 55
Raumbedingungen 16
Raumbeleuchtungsstärke 53
Raumgeometrie 16
Raumgröße 9, 16
Raumklima 3, 91
- Behaglichkeitsbereich 16
- definiertes 73
- Einzelraumregelung 109
- individuelles 58, 69, 109
- Sinneswahrnehmung 15
- thermische Behaglichkeit 15, 16
- Wohlbefinden 15
raumklimatische
- Aspekte 3
- Einflussgrößen 15
- Faktoren 1
- Performance 7
- Planungswerkzeuge 12

Raumklimatisierung über Flächen 103
Raumkonditionierung 74
- konventionelle 91
Raumluftfeuchtigkeit 22
Raumluftqualität 23
- empfundene 22
- Geruchssinn 23
- Geruchsstoffe 23
- thermische Behaglichkeit 23
- Verschlechterung 24
Raumluftströmungen 21
- Behaglichkeit 21
- Luftgeschwindigkeit 21
- Prozentsatz Unzufriedener 22
- Turbulenzgrad 21
Raumlufttemperatur 17, 92
Raumtemperatur, empfundene 92
Raumverhältnisse
- individuelle Eingriffs-
  möglichkeit 16
- Luftzug 16
Rechenverfahren 38
Reflektorsystme, optische 55, 56
Reflexionen 25, 55
Reflexionsblendung, Bildschirm-
  arbeitsplatz 25
Ressourcen 44
- Erdgas 45
- Erdöl 44
- fossile Energieträger 44
RLT-Anlagen, Anordnung 114
Rohrschlangen 106
Rotationswärmetauscher 73, 87
Rückbaubarkeit von Gebäuden 5
Rückgewinngrad 73
Rückkühlwerke 116, 117, 127
Rücklauftemperatur 107

Sauglüftung 79
Schächte 117, 118, 120
- Steigschächte 117

Schachtfassade 62, 63
Schall 58
schallabsorbierende Oberflächen 26
Schallgrenze 26
Schallpegel 9
Schallschutz 59
Schallübertragung 59
Schraubenverdichter 127
Schwerkraftkühlung 100
Sehleistung 25
Sicherheitsanforderungen 113
Sick-Building-Syndrom 71
solare Direktstrahlung 29
solare Energie, Nutzung 29
solare Energieeinstrahlung 29, 91
solare Energiegewinne 39
solare Gesamtstrahlung 40
solare Strahlungsgewinne 40
Solarstrahlung 29
Solarzellen 130
sommerliche Energiebilanz 41
sommerliches Verhalten 40
– interne Lasten 40
– Überhitzung 40
Sonneneinstrahlung 50, 91
Sonnenenergie 47
Sonnenschutz 50
Sonnenschutzsysteme 51
Sonnenschutzvorrichtungen 55
Speichermasse 4, 51, 98
– Phasenverschiebung 108
Speichermedium 86
Speicherwirkung, Beton 105
Staubaufwirbelung 97
Steigschächte 117
Strahllüftung 82
Strahlung
– diffuse 29
– direkte 30
– monatliche Maxima der Gesamtstrahlung 29

– Tagesmitttelwerte der Globalstrahlung 30
Strahlungsanteil 94
Strahlungsdecken 99
Strahlungseintrag 40
– Gebäudeorientierung 40
– Speichermassen 40
Strahlungsverhältnisse 52
Strahlungswärmeanteil 96
Strom 121
Strombedarf, Einsparpotentiale 2
Stromerzeugung 122, 130
Stromverbundnetz 130
Stromversorgung 130
Synergieeffekt, energetischer 2
Systemtemperaturen 121

Tabellenverfahren 38
TAD, Leistungsangabe 109
Tagesbeleuchtung, Ausleuchtung 54
Tageslicht 25
Tageslichtangebot 52, 53
Tageslichtbeleuchtung 57
– ausreichende 16
Tageslichteintrag 67
Tageslichtkonzept 61
Tageslichtlenksysteme 60
Tageslichtlenkung 54
Tageslichtnutzung 3, 51, 53, 55
Tageslichtplanung 52
Tageslichtquotient 53, 54
– Mindestanforderungen 53
Tageslichtsysteme 55, 67
Tageslichtversorgung 51
– Leistungsfähigkeit 52
– Wohlbehagen 52
Tätigkeit, Art 20
Taupunkttemperatur 98
Technikeinsatz
– flexibler 69
– hoher 12

Stichwortverzeichnis

Technikflächen 111, 117, 118
– Bürogebäude 117
– Platzbedarf 118
Technikreduktion 7
Technikzentralen 111, 112
– Flächenansätze 119
– Lage 112
technische Anlagen 111
Teillastbetrieb 101
Tellerventile 83
Temperatur
– der Umschließungsflächen 92
– empfundene 17
– operative 19
– Systemtemperatur 96, 121
– Vorlauftemperatur 96
– zulässige Oberflächen-
  temperatur 97, 104
Temperaturspitzen 98
Temperaturüberschreitungszeiten 52
Temperaturverteilung, gleichmäßige 93
Thermik 76
thermische
– Aktivierung des Betons 105
– Anbindung 108
– Behaglichkeit 17
– Dynamik 4
– Kraftwerke 122
– Phasenverschiebung 103
– Speichermasse 103
– Stabilität 98
thermoaktive Bauteile 101
– Regelverhalten 101
– übertragbare Kühlleistung 101
Thermoaktive Decken 103
– Behaglichkeit 104
– flächenbezogene Leistung 104
– Konstruktion 105
– Kostenvergleich 110
– Leistung 105
– Nachteile 108
– Selbstregeleffekt 104

Thermoregulationssystem 17
Transmission 34
Transmissionswärme 91
Transmissionswärmebedarf 34
Transmissionswärmeverlust 34
transparente Gebäude 2
Trassen 120
Trittschalldämmung 109

Überhitzung 50
Überhitzungsschutz, sommerlicher 50
Umnutzbarkeit von Gebäuden 5
Umwandlungsprozesse 46
Unfallhäufigkeit 18
U-Wert 35

Ventilatoren 89
Ventilatorleistung 101
Ver- und Entsorgungssysteme 112
Verbrennungsluftzufuhr 112
Verbundlüftung 79
Verdrängungslüftung 79, 82
Verglasungsanteil, hoher 50
Verwaltungsgebäude,
  Wohlbefinden 1
visuelle Behaglichkeit 25

Wärme 121
– Einspeicherung 99
– Kältebedarf 74
– Kondensationswärme 123
– überschüssige 97
Wärmeabfuhr 98
Wärmeabgabe 93, 94
– konvektive 93
Wärmeabgabe des Menschen 17
Wärmeausbeute 124
Wärmeaustauscher 73
Wärmebedarf 91
Wärmebilanz 40
Wärmebrücken 35

Wärmebrückeneffekte 35
Wärmedämmung, transparente 61
Wärmeeinträge 33
Wärmeerzeuger 37, 113
– Verteilverluste 37
Wärmeerzeugung, nachhaltige 123
Wärmeerzeugungssysteme 122
– Bewertung verschiedener
   Systeme 122
Wärmegewinn, interner 39, 50
Wärmelast, interne 39
Wärmeleistung 97
– Gesamtnennwärmeleistung 123
– Kesselleistung 123
Wärmemenge 35
Wärmephysiologie 17
Wärmepumpen 88, 124
– Kreisprozess 124
– Leistungsziffer 124
Wärmequelle 124
Wärmerückgewinnung 73, 86,
   88, 114
Wärmerückgewinnungssysteme
   88
Wärmeschutz 34
– sommerlicher 8, 33
– winterlicher 50
Wärmeschutzverordnung 34
Wärmestrahlung 91
Wärmeübergabe 37, 91, 122
Wärmeübergabestation 122
Wärmeübergabesysteme 92

Wärmeübergangssysteme 91
Wärmeverlust 34, 113
Wärmezentralen 116
wasserdurchflossene Bauteile 98
Wasserkraft 47
Weitwurfdüsen 83
Wetterverhältnisse 18, 28, 29
Wind 30
Windanfall 76
Winddruck 32
Windenergie 47
Windgeschwindigkeit 30
Windlast 30
Windschutzfaktor 32
Witterungseinflüsse 27
Wohlbefinden 1, 52
– Faktoren 18
– thermischer Zustand 20

Zentralen 111, 112
– Anordnung 114, 115
– Platzbedarf 111
Zugerscheinungen 18, 77, 98
Zulufteinbringung 73, 76, 83
– Behaglichkeitsgrenze 76
Zuluftgitter 83
Zuluftheizkörper 73
Zuluftkollektor 77
Zuluftvorwärmung 77
– Erdkanal 74
Zuluftzentrale 116
Zweite-Haut-Fassade 62